ケータイ社会論

岡田朋之・松田美佐 編

有斐閣選書

はしがき

「この本は『携帯電話』という1つの身近なメディアから情報社会としての現代社会について学ぶためのテキストである」

——という書き出しで始まる『ケータイ学入門——メディア・コミュニケーションから読み解く現代社会』を私たちが有斐閣から上梓したのは，今から10年前の2002年のことであった。

ちょうど日本の携帯電話の普及率が全人口の半分を超えた時期である。携帯電話からのインターネット利用が若年層を中心に定着しつつあり，カメラ付き携帯電話も広がりはじめて間もないころだった。タイトルにカタカナで「ケータイ」と表記したことに，眉をひそめる向きもあったので，はしがきの中にもわざわざそれについての断り書きを盛り込んでいた。

『ケータイ学入門』の出版の企画と執筆を進める中で，編者や執筆者たちの間で共有されていた目標として，少なくとも5年間は「賞味期間」が続くこと，すなわち内容がその間は通用するものにしたいという思いがあった。その後の『ケータイ学入門』はおかげさまで好評のうちに増刷を重ねることができた。しかしながらふと気がつけばあれから5年どころか10年が経過してしまっていた。

その間，電子マネー（おサイフケータイ），デジタルテレビ（ワンセグ），GPSとさまざまな機能が加わり，スマートフォンやタブレットなどの新しいモバイル端末も登場して，人々を取り巻く状況，サービスの内容と広がりなどは大きく変わった。そうはいっても，私たちとしては前著の基底をなす学問的な基礎の部分はそれほど大きくは変化していないと考えている。情報社会に生きる私たちにとって，もっとも身近でかつ中核をなすメディアとして君臨するはずだ

i

と確信していた私たちの予想は現実のものとなり,「ケータイ」という呼称もすっかり定着した。ただ,前著でまったく言及していない機能やサービスが増え,子どもから高齢者に至るまで誰でも持ち歩くようになって,それにともなうトラブルも具体化してきた。そうした中では,それぞれの問題に対して私たちなりのとらえ方を明らかにしておくべきではないかという責任感のようなものが大きくなっていったことも確かである。

そこで,このたび『ケータイ学入門』の趣旨を基本的に継承しつつも全面的にリニューアルすることとした。社会とケータイのかかわりについて,できるだけ多様な側面から光を当てようと考えて構成した全9章のテキストを,より社会のさまざまな問題に応えうるようにと全12章へと拡大し,執筆陣にも新しいメンバーが多数加わった。したがって,本文プラス,コラムというスタイルは前著のものを維持しているものの,中身はほとんどすべて新たに書き起こしている。

初学者向けのテキストとして,できるだけ平易な内容と記述を心がけつつ,現在の先端的な課題にも応えていこうという姿勢は前著と変わっていないが,限られた紙幅の中でカバーしきれていない部分もあることは否めない。そのあたりは,各章末の読書ガイドを参考に,読者自身で関心と理解を深めていってもらいたい。

末筆ながら編者の連携不足,とりわけ岡田の側の遅筆と怠慢により出版の計画が当初の予定より遅れてしまった。それでもこうして出版にこぎ着けられたのは,粘り強く編集作業を進めてくださり,ご尽力頂いた有斐閣編集部の堀奈美子さんのお陰にほかならない。この場を借りて御礼を申し上げておきたい。

2012年2月

編　者

執筆者紹介 (執筆順,＊は編者)

岡田朋之（おかだ　ともゆき）（＊）　　　　　　第1章, 第12章, *Column*②
関西大学総合情報学部教授　専攻：メディア論, 文化社会学
主著：『ケータイ学入門——メディア・コミュニケーションから読み解く現代社会』（共編）有斐閣, 2002年, 『私の愛した地球博——愛知万博2204万人の物語』（共編）リベルタ出版, 2006年。

松田美佐（まつだ　みさ）（＊）　　　　　　第2章, *Column*⑧, ⑨, ⑬
中央大学文学部教授　専攻：コミュニケーション／メディア論
主著：Mizuko Ito, Daisuke Okabe & Misa Matsuda eds., *Personal, Portable, Pedestrian: Mobile Phones in Japanese Life*, MIT Press, 2005, Misa Matsuda, "Children with Keitai: When Mobile Phones Change from 'Unnecessary' to 'Necessary'," *East Asian Science Technology and Society*, 2 (2), 2008.

伊藤耕太（いとう　こうた）　　　　　　　　　第3章, *Column*⑤, ⑥
広告会社マーケティングプランナー・編集者, 関西大学総合情報学部非常勤講師
　専攻：社会学, 情報社会学
主著：Kota Ito, "The Future of Mobile Content: A New "Me" in Rich Contest", Hidenori Tomita eds., *The Post-Mobile Society: From the Smart/Mobile to Second Offline*, Routledge, 2015, 伊藤耕太「モバイルコンテンツの未来——リッチ・コンテクストな『私』へ」富田英典編『ポストモバイル社会——セカンドオフラインの時代へ』世界思想社, 2016年。

松下慶太（まつした　けいた）　　　　第4章, 第11章1・3, *Column*⑦
関西大学社会学部教授　専攻：メディア論, 学習論
主著：『てゆーか, メール私語』じゃこめてい出版, 2007年, 『コンピュータ・インターネット時代における教育・学習』実践女子学園学術・教育研究叢書, 2011年。

羽渕一代（はぶち　いちよ）　　　　　第5章, 第11章1・4, *Column*⑩
弘前大学人文社会科学部教授　専攻：情緒社会学, コミュニケーション論
主著：『若者たちのコミュニケーション・サバイバル——親密さのゆくえ』（共編）恒星社厚生閣, 2006年, 『どこか〈問題化〉される若者たち』（編著）恒星社厚生閣, 2008年。

天笠邦一（あまがさ　くにかず）　　　　　　　　第6章，*Column*①，⑪，⑫
昭和女子大学人間社会学部准教授　専攻：メディア論，社会的ネットワーク論
主著：「育児活動をめぐるメディア消費と家族／家庭の構築」『情報社会学会誌』2（2），2007年，「子育て期のサポートネットワーク形成における通信メディアの役割」『社会情報学研究』14（1），2010年。

上松恵理子（うえまつ　えりこ）　　　　　　　　第7章，*Column*⑭
武蔵野学院大学国際コミュニケーション学部准教授，東京大学先端科学技術研究センター客員研究員
主著：『読むことを変える——新リテラシー時代の読解』新高速印刷，2010年，『小学校にプログラミングがやってきた！超入門編』（編著）三省堂，2016年。

富田英典（とみた　ひでのり）　　　　　　　　第8章，*Column*⑮，⑯
関西大学社会学部教授　専攻：社会学
主著：『声のオデッセイ——ダイヤルQ^2の世界・電話文化の社会学』恒星社厚生閣，1994年，『インティメイト・ストレンジャー——「匿名性」と「親密性」をめぐる文化社会学的研究』関西大学出版部，2009年。

吉田　達（よしだ　いたる）　　　　　　　　第9章，*Column*⑰，⑱
東京経済大学コミュニケーション学部特任講師　専攻：情報社会学，ネットワーク・コミュニケーション論
主著：「オンライン・コミュニケーションと『集まり』の構造——ネット社会と自由の伝統（その2）」（共著）『コミュニケーション科学』29，2003年，『コミュニケーション・スタディーズ』（渡辺潤監修，分担執筆）世界思想社，2010年。

藤本憲一（ふじもと　けんいち）　　　　　　　　第10章，*Column*⑲，⑳
武庫川女子大学生活環境学部教授　専攻：情報美学，メディア環境論
主著：『ポケベル少女革命——メディア・フォークロア序説』エトレ，1997年，『戦後日本の大衆文化』（共編）昭和堂，2000年。

金　暻和（きむ　きょんふぁ）　　　　　　　　第11章1・2，*Column*㉑
神田外語大学国際コミュニケーション学科准教授　専攻：メディア論，メディア人類学
主著：「パフォーマンス・エスノグラフィー手法を用いたケータイ研究の可能性——文化人類学の視座の示唆」『情報通信学会誌』95，2010年，「文学としての葉書——日露戦争期の『ハガキ文學』を事例にしたメディア論の試み」『マ

ス・コミュニケーション研究』78, 2011 年。

木暮祐一（こぐれ　ゆういち）　　*Column*③
青森公立大学准教授　専攻：モバイル社会論
主著：『電話代, 払いすぎていませんか？――10 年後が見えるケータイ進化論』
　アスキー新書, 2007 年。

飯田　豊（いいだ　ゆたか）　　*Column*④
立命館大学産業社会学部准教授　専攻：メディア論, メディア史
主著：『コミュナルなケータイ――モバイル・メディア社会を編みかえる』（水越
　伸編, 分担執筆）岩波書店, 2007 年。

常岡浩介（つねおか　こうすけ）　　*Column*㉒
フリー記者
主著：『ロシア　語られない戦争――チェチェンゲリラ従軍記』アスキー新書,
　2008 年。

『ケータイ社会論』
目　次

第1章　ケータイから学ぶということ　　1

1　情報社会とケータイ　　2
メディアとはなにか？　2　　メディア論の考え方　2　　社会の情報化をめぐって　3　　情報化政策の停滞とケータイ　4　　ライフラインとしてのケータイ　5

2　なぜ「ケータイ」なのか？　　6
ケータイを語る困難　6　　「ケータイ」と呼ぶ理由　7　　「ガラパゴス」からの視点　9　　ケータイとインターネットの関係　10

3　ケータイへのアプローチ　　12
2つの軸　12　　本書の構成とねらい　13

第2章　「ケータイ」の誕生　　21

1　歴史的に形づくられるメディア　　22

2　1990年代前半　　23
電話のパーソナル化・日常化　23　　「携帯電話は不要」と言われた頃　24

3　1990年代半ば　　28
ポケベルのパーソナル化・日常化　28　　文字コミュニケーションの「快楽」　30

4　2000年前後　　31
ケータイIT革命論　31　　ケータイのマルチメディア化　33

第3章　ケータイの多機能化をめぐって　41

1　なぜ多機能化しなければならなかったか……… 42

2　通信事業者主導で普及した「おサイフケータイ」…… 43
ケータイを新たな「生活インフラ」に　43　　なぜ「おカネケータイ」でなかったのか　43

3　音楽業界を巻き込んだ「着うたフル」……………… 45
ケータイの「携帯音楽プレーヤー化」の思惑　45　　「着うたフル」の形容矛盾　47　　サビだけで楽しむカラオケ　48

4　誰も予測しなかった「ケータイ小説」………………49
ケータイ小説，誕生前夜　49　　想定外の『Deep Love』ヒット　51　　ケータイ小説2つの共通点　52　　新しい「書き手」の出現　53　　ケータイ小説と，芥川賞小説　54

5　社会の「編み目」としてのケータイ………………… 55

第4章　若者とケータイ・メール文化　61

1　ケータイ・メールによるコミュニケーションの広がり
……………………………………………………………… 62
ケータイ・メール前史　62　　同期性と非同期性の両立　62

2　ケータイ・メールの利用と人間関係…………………… 64
ケータイ・メールとの出会い　64　　ケータイ・メールがつくる人間関係　65

3　文化としてのケータイ・メール……………………… 66
メール装飾　67　　メール作法と「絶え間なき交信」　68

4 ケータイ・メールへの「二重の批判」 …………… 69
「声の文化」「文字の文化」からの批判 69　「二次的な文字の文化」としてのケータイ・メール 71

5 メール・コミュニケーションの今後 …………… 72
ケータイの画面における「サービスの多様化」 72　ケータイ・メール文化の「保守化」? 74

第5章　ケータイに映る「わたし」　　　81

1 メディアの特性になぞらえる「わたし」 ……… 82
ケータイの発するメッセージ 82

2 身体とケータイ ………………………………… 83
越えられない声 83　私の身体は私のもの 84

3 私の作品,【わたし】 …………………………… 86
ケータイをもつ「わたし」 86　ねむらぬテレフォン 87　メディア・アディクション 88

4 ケータイの文化的空間 ………………………… 91
再帰性と空間の拡大 91　つくりなおさなくてはならない【わたし】 93

第6章　ケータイと家族　　　101

1 ケータイの普及と家族関係 ……………………… 102
「家族」を求める現代人 102　家族の「敵」としてのケータイ 102

2 「家族」の変化 …………………………………… 104
家族の近現代史 104　愛情・親密性の変容 105　コミュニケーションによって維持される家族 106

3　メディアの普及と家族生活 …………………… 107
　　白物家電製品の普及と家事労働　107　　固定電話の普及と性役割分業　108　　テレビの普及と家庭内の力関係　108　　ケータイの普及と主婦性の強化　109

　4　ケータイ・ファミリー ………………………… 110
　　戦後家族モデルの崩壊とケータイの普及　111　　ケータイと「純粋な関係」による家族　112

　5　家族への欲求とケータイ ……………………… 113

第7章　子ども・学校・ケータイ　119

　1　「子どもとケータイ」という問題 …………… 120
　　子どものケータイ利用の実態　120　　ネットいじめ　121　　ネットいじめ対策とフィルタリング　123

　2　ケータイと学校教育 …………………………… 125
　　情報モラル教育　125　　教科「情報」とケータイ　125　　ケータイの教育活用方法　127

　3　デジタル・ネイティブのケータイ・リテラシー …… 129
　　ケータイと教室内のコミュニケーション　129　　ケータイ・リテラシー教育の必要性　131

第8章　都市空間，ネット空間とケータイ　137

　1　都市空間とケータイ …………………………… 138
　　絶え間なき交信の時代　138　　「不関与の規範」を乱すケータイ　139　　ミクロ・コーディネーション　140

　2　「インティメイト・ストレンジャー」と「ファミリア・ストレンジャー」 ……………………………… 141

　3　ネットワーク社会の時間と空間 ……………… 143

時間と空間の分離 143　「フローの空間」と「タイムレスタイム」 144

4　モバイル社会の空間と時間 …………………………… 146
　　「いまどこにいるの？」──モバイルの空間 146　「リアルタイム」 147

5　「複合現実社会」とケータイ …………………………… 148
　　「セカイカメラ」と拡張現実感 148　「複合現実社会」における空間と時間 150

第9章　ケータイと監視社会　　157

1　ケータイ利用の日常化とプライバシー ……………… 158
　　ケータイと個人情報 158　個人認識と個体識別──似て非なる2つの概念 158　電子化される「個人」 160　監視とみまもり 161　監視の相対化と自己呈示 163

2　現代社会と「匿名性」 …………………………………… 164
　　監視の仕組みはなぜ必要なのか 164　ネット上の「私」 165

3　認証装置としてのケータイ ……………………………… 167
　　電子商取引と本人認証 167　ケータイ・インターネットという「環境」 168　ケータイIDのもつ問題点 169　フルブラウザ・スマートフォン時代を迎えて 170

第10章　ケータイの流行と「モビリティ」の変容　177

1　モノの流行学と考現学 …………………………………… 178
　　流行るモノ，流行らないモノ 178　流行研究における質と量の2側面 179　「寝室地図」調査に見るケータイ考現学 180

2 移動と携帯の「パラダイム」交代 ………………… 182
    「ケータイ」を指すことばの変遷 182　「モービル」対「モバイル」のせめぎあい 184　「パラダイム」が交代する 185

3 「モビリティ」パラダイムと,「ながら」文化 ……… 186
    アーリの「モビリティ」研究 186　「ながら文化」の盛衰と,二宮金次郎像 187

4 観光ツールとしてのケータイ ……………………… 191
    21世紀は移動と観光の時代 191　「通訳付き観光ガイド」になるケータイ 192

第11章　モバイル社会の多様性　　　　　　　199
——韓国, フィンランド, ケニア

1 モバイル社会を比較する ………………………… 200
    モバイル・メディア利用可能地域の拡大 200　中心—周縁理論 201　情報インフラの整備と教育 201　メディア利用と戦争・紛争 202

2 韓国——似ているようで似ていないモバイル文化 …… 204
    韓国のモバイル社会 204　通話中心の携帯電話の利用 206　「フォンカ」とストリート・ジャーナリズム 208

3 フィンランド——モバイルとイノベーション, 教育 …… 210
    フィンランドにおけるモバイル文化 211　フィンランドにおける携帯電話普及の背景 213　社会基盤としてのモバイル・メディア 215

4 ケニア——モバイルで変わる周縁地域 ……………… 216
    都市—地方間格差 217　携帯電話とグローカル化 218　摩擦・衝突の回避 220　おわりに 221

第12章 モバイル・メディア社会の未来を考える
229

1 ケータイ社会の現代 …………………………… 230
ケータイのもたらす親密空間 230　ソーシャル・メディアと人間関係 231　分断される社会 233

2 ユニバーサルサービスの終焉 …………………… 236
デジタル化するメディアの底流 236　ケータイにおける「アンバンドリング」 237

3 モバイル社会の未来を生きるために ………………… 240
2つの方策 240　メディア・リテラシーの意義 241
「批判的メディア実践」としてのワークショップ 242
私たちのつくる未来 244

移動体メディア関連年表　248

巻末資料　274

事項索引　277

人名索引　283

Column 一覧
① 技術決定論から構築主義，そしてアクターネットワークへ　17
② 日本のケータイ業界の垂直統合とガラパゴス化　18
③ 地デジ化にともなう周波数再編がめざすこと　37
④ 「携帯電話」以前の移動通信について　38
⑤ 音楽を私的に楽しむテクノロジー　57
⑥ 似て非なる？ ケータイ小説とケータイコミック　58
⑦ 文字コミュニケーションとケータイ　77

⑧　メール利用と選択的人間関係　　78
⑨　メールやネットでつながる人間関係をとらえるために　　97
⑩　社会的自我　　98
⑪　ケータイの利用を「調べる」困難さ　　117
⑫　メディアの意味の生態系　　118
⑬　メディア悪玉論　　134
⑭　メディア・リテラシーの概念　　135
⑮　震災情報とケータイ　　153
⑯　「右手で投石，左手で携帯電話」エジプトの民主化運動とケータイ　　154
⑰　架空の物語が提示するもの　　174
⑱　治安悪化神話　　175
⑲　映像の中のケータイ　　196
⑳　アート・オブジェ／ツールとしてのケータイ　　197
㉑　韓国のケータイ前史——「ピッピ」の文化　　225
㉒　戦場ジャーナリストからみたケータイ　　226

本書のコピー，スキャン，デジタル化等の無断複製は著作権法上での例外を除き禁じられています。本書を代行業者等の第三者に依頼してスキャンやデジタル化することは，たとえ個人や家庭内での利用でも著作権法違反です。

第1章

ケータイから学ぶということ

(PANA提供)

> この本では、ケータイについて学ぶ、ということを通じて現代社会を知ることをめざしている。だがケータイについて学ぶとはどういうことだろうか？　そもそもそんな機会はほとんどなかったというのが正直なところであろう。まずこの最初の章では、ケータイがコミュニケーションを仲立ちするメディアであるという点をふまえたうえで、なぜケータイを取り上げるのか、またケータイをどのようにとらえていくのかについてみていこう。

1 情報社会とケータイ

メディアとはなにか？

現代社会は情報社会といわれる。それを支えているのは私たちを取りまくさまざまな情報メディアである。日々の生活の中で私たちが必要な情報に触れること、身近な人とのやりとり、そしてその中で交わされる話題、それらのほとんどはメディアなくしては成り立ちえない。

メディアは「媒体」と訳され、かつては広告の出稿額の大きさで「主要四媒体」とされたテレビ、ラジオ、新聞、雑誌などのマスメディアが「メディア」とほぼ同じ意味で扱われてきた。しかし、インターネットに代表されるネットワークメディアが社会の隅々にまでゆきわたった現在、それでは定義として少し狭いものになってしまっている。

メディアのもとの英語のスペルは media であり、ことばとしては medium の複数形に由来している。もとは「中間」というような意味で、身近な例では服のサイズの S (small) と L (large) の間が M (medium) だったり、ステーキの焼き方のレア（生焼け）とウェルダン（よく火を通したもの）の間がそれだったりする。すなわち、今日のメディアの定義としては、さしづめ情報伝達やコミュニケーションの中間にあるもの、あるいは仲立ちするもの、といった定義が妥当ではないだろうか。

メディア論の考え方

このようにメディアの対象を広くとらえる考え方をいち早く取り入れ、メディア論の生みの親と位置づけられているのが、カナダの

英文学者，M.マクルーハンであった。それまでのメディア研究は各メディアのジャンルをあたりまえのものとして，それぞれのメディアが伝える内容の効果や影響力を研究するというアプローチをとっていた。彼はこれに対し，「メディアはメッセージ」というテーゼを打ち出して，電話や車，ロボットといったようなメディアの範疇に入っていなかった対象まで含め，その特性や人々のもつイメージそれ自体がコミュニケーションにおいて大きな意味をもつことを強調したのである（マクルーハン 1987）。たとえばこういう例を考えてみよう。誰かに愛の告白をするというとき，どういう方法で伝えるのがよいのか。なかなか重要な問題となる。直接対面すべきなのか，それとも手紙に託すのか。あるいはめいっぱいの装飾をほどこしたメールにするのか。あるいは顔を見るのが恥ずかしいので電話にするのか。選択肢は人それぞれにある。そしてそこには当然，選んだその人の意味づけがあるはずであろうし，そこに人となりが現れるといってもよい。

このように，メディアが伝えるメッセージの中身を吟味するだけでなく，メディアそのものの存在を対象化し，詳しく掘り下げて考察していくことで，また新たなことが明らかになってくる。

社会の情報化をめぐって

21世紀という節目をはさんで，メディアと，それに深く関わる私たちのコミュニケーションのあり方は大きく変化した。インターネットやケータイの普及だけでなく，テレビや新聞，雑誌といった既存のメディアもデジタル化の波にさらされてきた。しかし，その社会的なインパクトがいかなるものだったのか，そして今後どのように接していけばよいのか，私たちはまだはっきりとしたイメージをもちえていない。

こうした変化は，実のところ1990年代ぐらいから世界的な潮流として現れはじめていた。米国における情報化の進展は，「IT革命」とも呼ばれ，経済状況を大きく好転させたといわれている。他方，日本国内ではバブル経済の崩壊後の「失われた10年」といわれる低迷期に入り，その打開のために産業をはじめとした社会のさまざまな領域での「構造改革」が叫ばれた。インターネットをはじめとする「IT」(Information Technology＝情報技術)あるいは「ICT」(Information Communication Technology＝情報通信技術)の広範な導入で経済を中心としたテコ入れをはかり，日本社会に再び活気を取り戻そうと，内閣に「情報通信技術戦略本部(IT戦略本部)」が設置され(2000年)「e-Japan戦略」が策定された(2001年)のはこのころのことである。その中では①超高速ネットワークインフラ整備及び競争政策，②電子商取引と新たな環境整備，③電子政府の実現，④人材育成の強化，という4つの重点政策分野が定められ，「5年以内に世界最先端のIT国家となることを目指す」とされた(内閣官房 2001)。

情報化政策の停滞とケータイ

それから10年あまりを経て，ネットワークビジネスや通信環境は大きな発展を遂げたものの，行政の電子化や情報教育といった面での遅れが目立つ。とりわけ学校教育のデジタル化という点では，主要国や新興国はおろか，一部の発展途上国と比較しても見劣りする水準にとどまっている。国民生活が情報化政策によって大きく向上したとはいえない現状がそこにある。

その一方で急速に発展を遂げたのがケータイであった。1990年代半ばからうなぎ登りの普及を見せ，1999年にNTTドコモによるiモードのサービス開始でインターネット接続機能(ケータイ・イ

ンターネット）を備えるようになってから，ケータイはインターネットの便利さを手軽に享受する手段としてもっとも身近な存在となっている。統計や調査データの数値からもそれは明白だ。対人口普及率ではすでに9割を超え，2010年の総務省の調査では個人利用率でも73.6％と，パソコンの67.1％に大きく差をつけている（総務省 2010）。

　そればかりか，多様な機能で日常生活のありとあらゆる場面になくてはならないモノとなってしまった。朝，ケータイのアラームを目覚まし代わりに起きて，寝ている間にメールが届いてなかったかチェック。通勤通学の電車やバスの中ではゲームにいそしみ，音楽プレーヤー機能を使ってお気に入りの曲を聴く。電車に遅れがでているようだと，乗換案内サイトで運行情報をチェックするかもしれない。学校では授業中の板書をメモ代わりにカメラでカシャリ。放課後，遊びに行く約束を友達ととりつけ，食事の席では友達が連れてきて知り合った友人と赤外線でアドレス交換。ついでに記念の写真も一緒に撮っておく。飲食代の支払いのときも，割り勘の計算にはケータイの電卓機能がある。帰りが遅くなりそうなときは終電の確認を怠らないのはもちろんである。帰宅後，やり残していた宿題のリポートを書くときにも，辞書機能はとても助かる。そして寝る前には親しい友人にメールを忘れずに送る，といった具合だ。

ライフラインとしてのケータイ

　このようにケータイが生活の中に浸透した状況を否定的にとらえて，現代人が，特に若者を中心に「ケータイ依存症」になっているのではないかと批判する向きもある。だがそれは，いまやケータイが生活のインフラ，すなわち基盤の中の重要なもののひとつになっているということの証しでもある。電気，ガス，水道などの生活基

盤は，つながっていることで現代の生活が支えられているゆえライフラインと呼ばれる。その中で生活することを当然としている私たちが，「電気依存症」であるとか「ガス依存症」であるとはいわれない。

その意味ではケータイも，電気やガスや水道と同じように，もはやつながらないことで生活に大きな支障や不安をきたすライフラインといっても差し支えない存在なのである。2011年3月に起こった東日本大震災の際には，ほぼ日本全国で携帯電話やメールがつながりにくい状況が生じたが，その中で，ケータイがつながることの重要さを切実に思い知らされた人は少なくなかったはずだ。

2 なぜ「ケータイ」なのか？

ケータイを語る困難

だが，ここまで私たちの生活に切っても切れない存在となったケータイについて，どれほど理解しているといえるだろう。身近さは同時に対象化しづらい存在ということにもなって，私たちにケータイについて考えるうえでの困難をもたらしている。かつてケータイが普及するよりも前に，電話を社会学的考察の対象として取り上げたフィールディングとハートレーは，電話を「無視されたメディア」と述べた（Fielding & Hartley 1987）。彼らはその理由として電話が「透明」な存在としてコミュニケーションの中で意識されないことを挙げていたが，まさにケータイも日常の何気ない行為の中に埋め込まれてしまっていて，誰もその全体像を描き出すことはできていない。

かつての情報化政策がケータイを視野に入れていなかったことに象徴されるように，このメディアは，これまで社会の中で定まった

評価を得られていない一方で、さまざまな毀誉褒貶(きよほうへん)にさらされてきた。あるときはITビジネスにおいて日本が誇る分野としてもてはやされたり、若者の好む「カワイイ」消費文化の象徴のように扱われたりしてきた。また青少年に有害な情報をもたらしたり、非行を助長したり、いじめの温床になったりするとされ、社会に害悪をもたらす存在として批判を受けてついには学校教育の場から排除する動きも出てきた。結局、ビジネスの領域は営利という点からしかケータイのことを考えないし、学校は学校で、既存の教育の面だけでしかケータイを考えていない。だが、ケータイをはじめとする情報メディアはそれぞれの領域が成り立ってきた基盤それ自体をゆるがしているのである。だから、それぞれの領域の中だけで解決しようとしても、それが容易ではないのは当然だろう。

「ケータイ」と呼ぶ理由

　ケータイが社会の隅々にまで普及した現在、このメディアをめぐっては、以上のような錯綜した意見がとびかっている。これらをふまえ、主に社会学的なメディア研究、コミュニケーション研究の知見を生かして、さまざまな側面からこのケータイをめぐる状況を明らかにしつつ、現代の情報社会をとらえなおしていこうという主旨から、私たちはこの本に『ケータイ社会論』というタイトルをつけた。

　では次に、なぜ「携帯電話」ではなくあえて「ケータイ」という呼び方を用いているのかを明らかにしておこう。まずひとつめに、日常のさまざまな場面でお世話になるケータイなのだが、ふと気がつくと、本来の機能だったはずの「電話」として使うことがかつてに比べて非常に少なくなっていることが挙げられる。たとえば2010年に実施された「第4回日本人の情報行動調査」によれば、

携帯電話利用者が音声通話を1日あたり平均2.0回行っているのに対し、メールの利用は同じく1日あたりの平均で受信が5.2回、発信は4.6回に達していた(橋元ほか 2011)。また同じ年にモバイル社会研究所が実施した調査によれば、時計、目覚まし、アドレス帳、静止画カメラといった機能を大半のユーザーが使用していて、10代や20代の若い層ほどこれらの機能を使いこなしているという(NTTドコモモバイル社会研究所編 2010)(表1-1)。

このように、もはや携帯「電話」ではなくなってしまったということは「ケータイ」と呼ぶ大きな理由のひとつである。

とはいえ、どちらかというとまじめに問題に取り組もうという本の中で、「ケータイ」という呼び方が少々不まじめなのではないかと見られる向きもあるかもしれない。

そもそも携帯電話は情報通信の用語の中では**移動電話**、**移動体通信メディア**と呼ばれる。だが次章でも論じるように、携帯電話はこれまでもずっと、単なる技術的な構成物ではない存在として、日常の生活の中に深く根ざしており、またさまざまな人々の思いのこめられた対象であり続けてきた。

歴史学者のI.イリイチは、民衆の社会生活に埋め込まれていて市場経済のサービスや公的制度に組み込まれていない制度や状況を表す用語として「ヴァナキュラー(vernacular)」という概念を示した。辞書における一般的な訳語としては、土着とか地縁とかいった言葉が当てられるが、イリイチによれば、インド＝ゲルマン語系の「根づいていること」「居住」という意味に通じるという(イリイチ 2006)。学校教育からはやっかい者扱いされ、情報化政策にもかなり後の時代まで取り込んでもらえず、普通の人々の営みの中で発展してきたという点をふりかえって見れば、携帯電話はヴァナキュラーなメディアであり、またその呼称もヴァナキュラーな「ケー

表1-1 月に1回以上使う携帯電話の機能

(%)

	時計	目覚まし	アドレス帳	静止画カメラ	電卓	撮った写真・映像の送受信	スケジューラー、カレンダー	メモ帳	ワンセグテレビ視聴	おサイフケータイ(Suica, Edy, iD・DCMX等)の利用
全体	67.9	58.9	58.0	56.6	49.2	29.0	28.8	25.6	20.5	9.1
15～19歳	77.2	73.5	67.3	72.8	56.8	41.4	39.5	50.6	26.5	6.8
20～29歳	77.4	82.7	66.2	65.6	67.2	37.4	36.9	35.6	21.1	10.2
30～39歳	72.9	75.6	57.4	64.1	59.4	33.0	31.0	29.7	26.8	14.6
40～49歳	70.2	65.8	62.5	54.8	53.2	26.2	33.7	28.0	24.4	14.7
50～59歳	63.8	51.2	55.3	53.5	43.6	25.7	27.1	21.7	19.7	9.4
60～69歳	58.3	35.9	51.9	48.9	34.3	18.2	19.6	13.8	14.4	3.3
70歳以上	59.2	28.7	50.0	42.9	29.6	27.2	17.5	11.8	11.8	0.9

(出所) NTTドコモモバイル社会研究所編 2010。

タイ」こそふさわしいと考えられる。

「ガラパゴス」からの視点

　日本のメディアの歴史を振り返ると，電話，ラジオ，テレビ，さらにはインターネットに至るまで，それを支える技術と制度は欧米から輸入されたものであった。さらにはそれらを対象とした日本におけるメディア研究までもが輸入学問として成立してきた面は多分にある。他方，ケータイの場合は日本，米国，欧州でほぼ同時期にメディアとして成立，発展してきた。そればかりでなく，日本は2000年代を通してケータイ・インターネットの領域で世界最先端ともいえる地位を保持していた。それを受け入れる社会の側でも，たとえば法制度の面では，迷惑メール防止法をはじめとして，世界

に先駆けて日本で導入されたものは少なくない。だがその一方で日本のケータイは、あまりに突出した進化があだとなって海外への展開を成功させることができず、国内市場に閉じこもりがちとなってしまった。その間、欧米を中心にインターネットの接続機能を核とした高機能型携帯電話がスマートフォンとして急速に普及し、逆にそうした側から従来の日本のケータイが見劣りするかのように言われるようにもなった。これがいわゆる日本のケータイの「ガラパゴス化」である（→ Column ②）。

しかし、ガラパゴス諸島の生態系を詳しく調査したC. ダーウィンがのちに進化論を確立したように、日本のケータイを研究することで、輸入学問ではないオリジナルな議論を確立し、メディア研究の発展に大きく貢献することは大いに可能だと私たちは考えている。すなわち、ケータイについて研究することは、外の誰かの受け売りやお仕着せではない、自分たち自身の手による自分たちのメディアと社会の考察として、重要な道筋なのである。

ケータイとインターネットの関係

携帯電話が通話の道具にとどまらない「ケータイ」という新たなメディアとして広まるうえでは、ケータイ・インターネットが大きな役割を果たしている。また当初は伸び悩んだ日本でのインターネット利用の普及が、ケータイ・インターネットの広がりとともに一気に進んだ。この2点については次章で詳しく述べるが、インターネットの歴史をたどると、実はその技術開発の源流のひとつが携帯端末と深く関係していることがわかる。

現在のインターネットはIP接続とパケット交換という2つの技術的要素によって支えられている。私たちが使っているケータイでも、ネットワーク接続の決まりごととしてのIP（インターネット・

プロトコル）接続によってつながり，またデータのやりとりの仕組みとしては，パケット交換とよばれる，データを小分けしてそれぞれにタグ〈ラベル〉をつけ，届いてから再結合させるというやり方が用いられる。これにより，写真や動画，あるいは音楽等の音声データなどを送ったり受けとったりすることができるのである。パケット交換はインターネットの直接の起源である ARPA（Advanced Research Project Agency）ネットが 1969 年に米国で始まったときから実装されていたが，当時のコンピュータ・ネットワークは主にアナログ時代の電話と同様の回線交換を用いてつながれていて，パケット交換は通信技術者の間ではむしろ懐疑的に見られていたという。これに対し ARPA ネットを推進する中で主導的な立場にあった L. ロバーツは，無線パケット通信を組み込んだポケット型携帯端末によるネットワーク利用を提唱することで，パケット交換の革新性を強調した。無線通信は固定回線に比べて不安定なので，回線交換によるネットワーク接続には困難がともなう。パケット交換はむしろそうした環境に適していることもあって，彼は携帯端末を用いたパケット通信にコンピュータ・ネットワークの新たな可能性があることを訴えたのである（喜多 2006）。

　無線 LAN の拡大や携帯電話回線の高速大容量化といったさまざまな無線ネットワークの発達で，インターネットの利用手段としてのケータイは，簡易な端末というこれまでの位置づけを超えて，今後の主流となる可能性を秘めている。これまでケータイはインターネットの利用の機会を大きく広げてきたが，それと同時に，現在に至るインターネットの発展の歴史において，その起源に携帯ネットワーク端末のアイデアがあったこともまた事実であり，そうした移動体メディアとインターネットの関係から情報化の歴史をとらえなおすことも意義深いことであろう。

3 ケータイへのアプローチ

2つの軸

　この本を読み進める前に，次の2つの点を確認しておきたい。それは本書の執筆者たちが，書き進めるにあたってつねに念頭に置いてきたことでもあるが，まず第1に，「社会的存在としてのケータイ」という観点である。ケータイは技術的な産物であるが，私たちに向けて商品として送り出される際に，さまざまな立場の人々がさまざまな思惑のもとにかかわることで具体化しているものであり，そしてそれは社会生活の場面の中で実際に使用されることで私たちに接しているということだ。もちろん，科学技術史などの学問領域からみれば，技術そのものも社会的な構成のもとに成り立っているのだが，その産物としてのケータイも，社会的存在なのだということを忘れてはならない。

　第2のポイントは，「当事者の視点」である。ケータイの端末やサービスについて，マスメディア上に送り手や売り手の視点から語られた言説はきわめて多い。しかし，それをどのように利用者が受け止めるのか，そういう逆の観点から語られたものは決して多くはない。日常生活の中でケータイに考えをめぐらせるうえで，それを実際に手にする私たちはどのように受け止めているのか，つねに振り返ることを怠ってはならない。さらに「当事者の視点」は単純に機器やサービスの送り手と受け手という関係にとどまるものではない。ケータイコンテンツのプロバイダーは何を意図して送り出したのか。学校でのケータイ持ち込み規制を行う行政担当者の狙いはなんなのか。またそれを受け止めつつ生徒たちに接する教師はどのようにとらえているのか。当事者とはケータイの利用者だけでなく，

関連したさまざまな領域に広がっているのであり，そこに思いをめぐらせることは，ケータイをめぐる現象を理解するうえで，避けては通れない課題である。その際，各当事者がそれぞれの立場からどのようにとらえているかを考えることが重要なのである。

本書の構成とねらい

　以上のようなスタンスのもとに，本書の続く各章では以下のような問題をそれぞれ扱いつつ，〈ケータイ〉を通じて現代の社会に切り込んでいこうと思う。まず，最初のパートではメディアとしてのケータイはどのように形づくられてきたのかを振り返る。第2章でケータイがまず携帯電話として，さらには文字メッセージの端末として普及していった状況をたどり，続く第3章ではインターネットの端末となったケータイが，どのような事情から多機能化し，利用シーンを広げていったのかをみていく。

　第4章〜第7章は，ケータイと現代社会の人間関係や日常生活などについて，具体的な局面から考察するパートである。第4章では，メールを中心としたコミュニケーションの文化が，ケータイをどのように特徴づけているのかなどについて考察する。続く第5章では，私たちにとってもっとも近い存在であるメディアとしてのケータイが，自己意識のあり方や，身体感覚とどのように関わっているかを通じて，コミュニケーションのあり方をいかに方向づけているか議論を深める。第6章では，家族を軸にケータイをとらえなおす。ケータイのコミュニケーションは家族間のコミュニケーションのあり方にも深く関わっている。ケータイをめぐる家族のさまざまな態度を検討することを通じて，現代の家族のもうひとつの側面を明らかにしていく。第7章では，何かと問題視されてきたケータイと学校教育の関係に光を当てる。学校と子どもたちにとって，ケータイは

害悪なのか，あるいは何らかの貢献を果たしうるのかを検討していく。

3つめのパートでは，ケータイの普及および発展と社会の変容について考える。第8章ではネットとリアルな空間の錯綜する現代の都市において，ケータイがどのような役割を果たしていくのか，AR（Augmented Reality＝拡張現実）などの新しいテクノロジーの可能性も視野に入れつつ考察を行う。第9章は，さまざまな機能がつけ加えられて便利になっていくケータイだが，そこから知らず知らずのうちに引き出される個人の情報が知らないところで使われたり，監視されていたりすることの問題性に注目し，新たな監視社会の問題について考える。第10章では，ケータイを流行や風俗上のアイテムとしてとらえ返すことにより，私たちがこれらをモノとしてどのように受け止めてきたのかを考えていく。第11章は海外の国々のケータイ事情について，その特徴や社会的・文化的背景を見据えながら俯瞰し，日本国内だけからは見えてこないメディアと社会のあり方について考えてみる。最後に第12章では，現在から近い将来にかけてのメディアを取りまく状況をふまえ，ケータイと私たちのあり方について展望する。

それぞれの章は順番に読んでいってもかまわないし，興味のある章から読み進めてもかまわない。だがいずれにせよ，全体を通読することによって，社会やメディアの変化を読者それぞれの立場に引き寄せて理解し，自分なりの視点をもってもらえればと思う。

そうしたプロセスを通じて，目先の変化や事象に惑わされない情報社会のとらえ方を身につけていくことができたなら，著者の願いは充分果たされたと言えるだろう。

引用・参照文献

Fielding, G. & Hartley, P., 1987, "The Telephone: A Neglected Medium," A. Cashdan & M. Jordan eds., *Studies in Communication*, Basil Blackwell

橋元良明ほか,2011「メディア別に見た情報行動」橋元良明編『日本人の情報行動2010』東京大学出版会

イリイチ,I., 2006『シャドウ・ワーク――生活のあり方を問う』岩波現代文庫

喜多千草,2006「モバイルコンピューティングの技術史――『パケット無線』をキーワードに」『未来心理』第7号

マクルーハン,M., 1987『メディア論――人間の拡張の諸相』(栗原裕・河本仲聖訳) みすず書房

内閣官房,2001「e-Japan戦略 (要旨)」「e-Japan戦略 (本文)」

NTTドコモモバイル社会研究所編,2010『ケータイ社会白書2011』中央経済社

総務省,2010「平成21年度通信利用動向調査世帯編」

読書ガイド

●松田美佐・岡部大介・伊藤瑞子編『ケータイのある風景――テクノロジーの日常化を考える』北大路書房,2006年

日本のケータイ文化研究を紹介するために2005年に米国から出版された本の翻訳書。本書の執筆者も多く参加しており,2000年代初頭の日本における,ケータイの定着期の実態紹介と研究内容について俯瞰したものとしては,ひと通りまとまったテキストとなっている。

●渡辺潤監修『コミュニケーション・スタディーズ』世界思想社,2010年

コミュニケーションという人間の行動を,感情,文化,メディアといった側面から理解することをめざしている。豊富な事例紹介のもとに解説がなされ,初学者にもわかりやすく書かれた本。最後のパートはメディア研究の入門としてもコンパクトによくまとまって

いる。

● 吉見俊哉『メディア文化論——メディアを学ぶ人のための15話』有斐閣，2004年

メディアと社会の関わりについて，これまでのメディア研究の理論の紹介，さまざまなメディアの発展史，そして現在のメディアを取りまく現状と新たな試み，といった点から考察するためのガイドとなっている。そこにはメディアについて，技術装置という枠組みにととどまることなく，あくまで社会的，文化的な存在としてとらえる視点が貫かれている。

Column ① 技術決定論から構築主義，そしてアクターネットワークへ

　「メディア」を学ぼうとする際に，避けて通れないのが，メディア論の祖とも言われるマクルーハンの存在である。彼は，メディアの発展により人間の思考様式・文化が変容してきたと主張した。情報伝達に技術が介在せず，口承による音声中心だった時代，人間のコミュニケーションや認識は，会話に関連したさまざまな要素を含んだ包括的なものであり，論理的な飛躍や直観に満ちた触覚的なものであった。それが，印刷技術の発達により活字による情報伝達が一般的になると，活字を目で追いその論理を追いかける視覚的で合理的なものとなる。さらにテレビを中心とした電子メディアの時代になると，情報伝達の際の周辺的要素が再び認識されるようになり，コミュニケーションは包括的で触覚的なものに戻った。この一連のマクルーハンの主張は，技術が人間の営みとは独立して発展し，その技術の本質が人間の行動や認識に支配的な影響を与えることを暗に前提としたものである。

　こうした技術の本質主義，いわゆる技術決定論と呼ばれる考え方は，人間の主体性を軽視していると，近年は批判の対象にもなっている。そもそも，人文・社会科学の世界において，すべての事物に本質がありそれが社会を規定しているとする本質主義と，本質は人間の実践によって決定されるとしてそれを批判する非本質主義は，従来から主要な対立軸である。最近の社会科学分野では，こうした非本質主義は，社会構築主義と呼ばれる考え方と同調し，メディア・技術研究においても大きなうねりとなっている。たとえば，フィッシャーは，アメリカの固定電話の普及過程を研究し，主婦たちへの普及と彼女たちの利用実践が，当時の固定電話の社会的意味や影響力を変容させたことを，豊富な実証的分析から明らかにしている（→第6章）。

　一方で，この本質主義的な技術決定論と社会構築主義の対立は，人間と人間以外のモノとの二項対立という側面ももつ。人なのかモノなのか，二元論で現実世界の支配者を決めるのではなく，人とモノの同盟関係を理解し，良き友人とすることがメディア研究でも必要となるだろう。こうした考え方をふまえた「アクターネットワーク論」などは，今後のメディア研究においては重要な考え方となる。

Column ② 日本のケータイ業界の垂直統合とガラパゴス化

　日本では携帯電話ショップで端末を購入すればすぐに通話できて，ネットも使える。動画や音楽などの有料コンテンツをダウンロードすることだってできてしまう。私たちがそれをあたりまえのように思っているのは，携帯電話業界が通信事業者（携帯電話事業者）を核にして，携帯電話端末とコンテンツサービスを提供する「垂直統合」という仕組みで成り立っているためである。この下支えによって，1999年のiモード開始以来，日本のケータイ・インターネットは世界でも先進的な普及と発展を見せてきた。初期の通信方式は日本独自のものが採用され，それに依拠したさまざまなサービスが立ち上げられた。

　これに対して諸外国では，欧州規格の通信方式（GSM）が広がって，通信機器メーカーの主導のもとに業界の標準化が進んだ。そこで各国に形成されていったのは「垂直統合」とは対照的な「水平分離」型のモデルである。販売店で端末を買っても，通信会社のSIMカードを購入して契約しなければ携帯電話は使えない。しかし国内の通信会社の契約を乗り換えたり，外国に行って使ったりするときは，カードを差し替えれば同じ端末をそのまま利用できる場合が多い。それによってメーカー間や通信事業者間どうしで競争が生まれ，それぞれのコストは抑えられて利用者の利益になるという考え方である。

　逆に日本で高度なサービスを利用するには高機能の端末が必要で，当然本体価格は高価になる。そこで通信事業者は，顧客から得られる通信料収入を当て込んで販売業者に販売奨励金や販売手数料を支払う一方，メーカーには専用端末を開発させる代わりに，一定数を購入して販売店に卸す。このことで，高機能な端末の店頭価格を低く抑えると同時に，メーカーの収益を保証する慣行を続けてきた。

　日本のケータイの高機能化はこうした内外の環境の違いの中で国内のみで進んでいく一方，日本のメーカーは端末の高コスト化によって国際競争力を失って海外市場から撤退に向かう。この状況は，ガラパゴス諸島の特殊進化した生物群になぞらえて「ガラパゴス化」と揶揄されるようにもなった。

　その後水平分離の欧米市場から生まれたスマートフォンが海外での

高機能端末の主流となり，日本にも大量に流入するようになると，もはや日本のケータイ・インターネットが先進的とも言えなくなり，垂直統合型の市場の変革が叫ばれるようになった。その中でいかにして国内メーカーの競争力を高めつつ，利用者の利益も守っていくかということが，今後の携帯電話業界のあり方においては問われているのである。

第2章

「ケータイ」の誕生

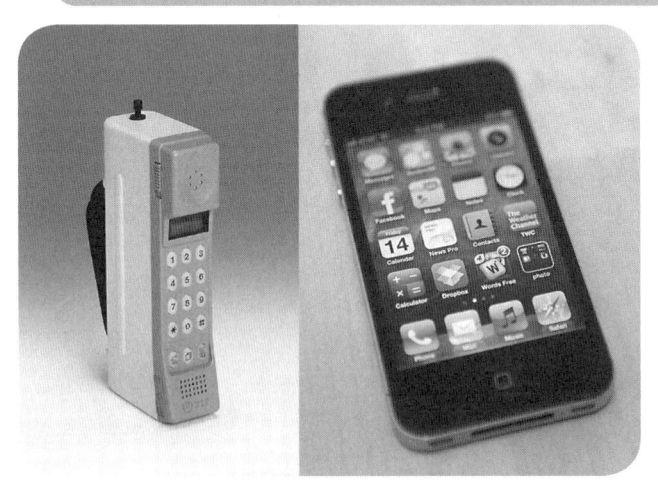

1987年の最初の携帯電話（左，(株) NTT ドコモ提供）と，現代のスマートフォン（右，AFP =時事提供）

introduction

　　ケータイとはどのようなものなのか，まったくケータイのことを知らない人がいると想定して，説明の仕方を考えてみよう。色は，形は，大きさは？　そして，ケータイは何のためにあり，どんな使い方ができるのか。多種多様な形状，多種多様な機能があり，一言で説明することは難しいと感じるはずだ。

　　もっとも，ケータイははじめからこのようなメディアであったのではないし，グローバルに見ると今でもこのようなケータイは主流ではない。携帯電話は1990年代の日本という「状況」の中で，ケータイとなったのである。では，携帯電話はどのようにしてケータイになったのか。その歴史をひもとくこととしよう。

1　歴史的に形づくられるメディア

電話は 1876 年 A. G. ベルにより発明された。とはいえ，音声を電気的に送信する試みは，それ以前から数多くの人によって試みられていたし，その翌年，1877 年にはエジソンが蓄音機という音声を記録するメディアを発明している。時代をさかのぼると，19 世紀前半にモールスにより発明された電信は，鉄道と手を携えて帝国主義に向かう欧米列強諸国やその植民地に張りめぐらされ，19 世紀後半から 20 世紀初頭にかけては，映画やラジオなど映像メディアや放送メディアも発明され，事業として確立していった。

人やモノ，情報のグローバルな動き——というと，きわめて今日的な話題のようであるが，それ以前と比べると急速に世界が狭くなった時期の 1 つは，まさにこの 19 世紀から 20 世紀初頭である。そのように急速に変化する社会だからこそ，情報を記録し，伝達するためのメディアも数多く誕生したのである。

また，電話にしてもラジオにしても，はじめから今私たちが利用しているようなメディアであったのではない。草創期の電話サービスの中には，講演会やコンサートの中継，ニュースや株式情報の提供といった加入者への音声サービス，つまり，放送的なサービスを提供するものもいくつもあったし，初期のラジオには送信機能がついており，離れたところにいる見知らぬ誰かとおしゃべりをするといったパーソナルな利用も行われていた。さまざまな「可能性」をもった発明されたばかりのテクノロジーは，その時代の技術者や発明家，投資家や事業者，行政，そして消費者たちといったさまざまな立場の人たちの利害の対立や調停，交渉などの過程を通じて，「電話＝パーソナルなコミュニケーション・メディア」「ラジオ＝放

送メディア」として確立していったのである（水越 1993；吉見 1995）。

メディア研究において，このようにメディアと社会の相互交渉の過程を重要視するアプローチは，**社会構築主義的**な研究とされる。これに対して，新しいテクノロジーやメディアが社会に与える「影響」に焦点をあてたアプローチは，しばしば**技術決定論**と呼ばれる（→Column ①）。これら2つのアプローチはどちらか一方が正しいというものではない。しかし，電話の延長上に「外出先でも使える電話」として誕生した携帯電話が「ケータイ」となった過程を考えるには，構築主義的アプローチが有効である。

2 ｜ 1990 年代前半

電話のパーソナル化・日常化

日本に電話が輸入されたのは，ベルによる発明の翌年の 1877 年であったという。しかし，官営と民営のどちらで事業を行うのかが明治政府内で決まらなかったこともあり，東京・横浜で電話交換が開始されるのは 1890 年であった。その後もインフラ整備は進まず，一般家庭に電話が普及するのは高度成長期を経た 1960 年代のこととなる。

電話の普及初期において，「電話がある家」といえば近所でも裕福な家であり，次いで，商売上必要とする商店などに電話が入るようになる。自分の家に電話がない人は，近所の家の電話を借りたり，公衆電話を使ったりするのが一般的であった。電話というのは個人と個人が直接話をするために利用されるパーソナル・メディアではあるものの，長らくは「ご近所」といった共同体に共有されるメディアとして利用されてきたのである。また，そういった「状況」で

あるので，多くの人にとって電話を使うのは重要な用件のあるときのみであり，非日常的な場合がほとんどであった。

このような「状況」に変化があらわれるのが，一家に一台があたりまえとなった1970年代半ば以降である。他人に気兼ねすることなくいつでも電話を使えるようになり，さらには，コードレス電話などの普及により，家庭内でもほかの家族に聞かれることなく電話で話をすることができるようになった。この時期に，電話利用のパーソナル化，および日常化が進んだのである。

個人と個人が直接話をするという電話の機能は変わっていないものの，利用スタイルが変わっていったがために，「電話で話をすること」の意味合いは変わっていった。電話は個人の都合に合わせて利用しやすくなり，話される内容はよりプライベートに，そして，特に用件もなく，相手とおしゃべりをすること自体が目的の日常的な利用が増えていった。

「携帯電話は不要」と言われた頃

博報堂生活総合研究所が1995年1月に首都圏に住む15歳から69歳の男女を対象に行った調査によれば，携帯電話に「まったく接しない」「あまり接しない」と答えた人は全体の90.9%であり，かつ，それらの人々の6〜8割が「なくてもかまわない」「(接していないが)今のままでいい」「嫌い」「役に立たない」と感じていた。ただし，「よく接する」と答えた人々の90.2%は「役に立つ」と感じており，「なくてはならない」と感じる人も73.2%いたという。すなわち，1995年当時，携帯電話は利用者にとっては必需品であるが，その他の多くの人にとって関係なく，今後も縁をもちたくないメディアだったのである（博報堂生活総合研究所 1995：80）。その後のケータイの急速な普及を考えると，興味深いデータだ。

携帯電話が普及し始めた時期であるこの頃,「携帯電話は不要」と考えている人は実際多かった。その理由を2つ挙げておこう。1つは携帯電話の使い勝手が悪かったためであり,もう1つは携帯電話がなくても充分であったからである。

　日本の通信制度を考える際に重要なのは,1985年の「通信の自由化」である。これにより,第二次大戦後,日本電信電話公社が独占的に担っていた通信事業が自由化され,公平な競争による通信サービスの多様化と質的向上,および料金の低下が期待された。この「通信の自由化」以降,多くの企業が通信市場に参入し,その結果,今日までにサービスの多様化や質的向上,低料金化がかなり実現している。

　さて,ここでは1990年代前半までの携帯電話に限って考えることとしよう。今日につながる携帯電話サービスが日本で始まったのは,1979年。ただし,これは車載電話であり,個人が持ち運びできるものではなかった。1985年には重さ3キロの肩から下げるショルダーホンが,続いて1987年には個人が持ち運び可能な携帯電話サービスが始まる（端末重量は900グラム）（→ Column ④）。その後,端末の小型軽量化は進むものの,日常的にカバンに入れて手軽に持ち運ぶものとは言い難かった（図2-1）。また,携帯電話の電波の圏外になる場所も多く,使いたいときには使えないという経験をすることも多かった。さらには,利用料金もかなり高額であった。携帯電話の普及が本格化するのは,1994年4月の端末の売り切り制開始とデジタル系事業者の参入以降だが,同年12月に新規加入料が2万円,月々の基本料金が8400円と劇的に値下げされたことも普及のきっかけの1つとなったという（松田 1996）。この金額自体や「劇的な値下げ」と言われたことから,当時の携帯電話料金の「高さ」がうかがえる。

図 2-1　ショルダーホン

（出所）　読売新聞社提供。

　また，日本では公衆電話が広く普及していたことも重要だ。1951年に導入された委託公衆電話は1953年からは目立つようにと赤く塗られ，「赤電話」として全国あらゆる場所に設置されるようになっていった。1990年代前半の公衆電話設置台数は80万台を超えており，街中はもちろん，かなり鄙びた場所でも，電話をかけることができた（なお，ケータイの普及を受けて，2000年代以降公衆電話の設置数は激減しており，2010年3月には28万台となっている〔総務省情報通信統計データベース〕）。わざわざ，高いお金を払って，使えないことも多い，重い携帯電話をもつメリットは少なかったのだ。もちろん，そんな高価な携帯電話をもつことのできる人へのやっかみから，「携帯電話は不要」と言っていた可能性も大いに考えられるのだが（図 2-2）。

　あわせて，普及理論でいうクリティカル・マスというとらえ方も

図2-2 ケータイ・ポケベルは迷惑？ それともやっかみ？

(出所) 『週刊プレイボーイ』1991年7月31日号より。

重要だ。「クリティカル・マス（critical mass）」とは，ある商品やサービスの普及率が一定割合を超えると，普及が爆発的に増加する臨界点を指す。特にコミュニケーション・メディアについては，利用者が少数のうちは利用のメリットは大きくないが，利用者がある一定数より多くなると利用のメリットが大きくなるだけでなく，非利用者に対して周囲から利用するよう圧力がかかりがちだ。自分の周囲がケータイをもち始めたころのことを思い起こしてほしい。みんながもっていないときはケータイをもたなくても平気だが，みんながもつようになると自分だけもたないでいるのは非常に不便だと感じられるようになったのではないだろうか。1990年代前半，携帯電話の普及はクリティカル・マス以下であり，所有しないほうがあたりまえであったのだ。

このようなケータイ普及以前の電話をめぐる「状況」は，第11

章で紹介するような地域や国々とはかなり違う。同じメディアを考察するにあたっても、それが利用される社会的文脈を考える必要があるのは、このためである。

3 | 1990年代半ば

ポケベルのパーソナル化・日常化

さて、外出先から連絡を取ることはできても、外出している人に連絡を取ることは公衆電話ではできない。そのために1980年代から1990年代半ばにかけて利用されていたのが、ポケベルである。「ポケベル」こと「ポケットベル」はNTTドコモグループの登録商標であるため、本来は一般名称であるページャー、あるいは無線呼び出しを使うべきかもしれない。しかし、1990年代半ばに若者の間で広く利用され、今日につながるケータイ文化を生み出したのは、紛れもなく「ポケベル」と呼ばれていたメディアである。このため、以下もポケベルという言葉を使うこととする。

ポケベルは当初、営業などで外回りをする会社員たちに会社から連絡をつけるためのメディアとして普及した。ポケベルが鳴ると、近くの公衆電話から会社に連絡を入れ、用件を聞く。ポケベルは外出時に連絡を受けることができないという電話が抱えていた制約を解決するためのメディアとして導入されたのである。ここで重要なのは、ポケベルが普及する1980年代後半には、すでに家庭や事業所には電話が普及しており、街頭でも公衆電話が充分あったことだ。だからこそ、連絡したい相手の所在がわからないと利用できないという電話の制約がより意識され、また、公衆電話が充分にあるからこそ、ポケベルが鳴れば、すぐに連絡を入れることができた。こうして、まずは通話のもつ双方向性と「肉声」を半分捨てるかたちで、

移動中の相手とのコミュニケーション・メディアが普及したのである。

1980年代末から1990年代前半にかけて，ポケベルは若者たちが私的な連絡を行うためのメディアとなっていく。特に，1987年に導入されたディスプレイ型ポケベル——端末の液晶画面上に数字や文字を表示するタイプ——は，ポケベルのメディア特性も利用者も，利用方法も変えた。

ディスプレイ型ポケベルの場合，ポケベルを呼び出す際にその所有者に電話をかけてほしい番号を表示することができる。これにより，ポケベル所有者は複数の人に自分のポケベル番号を教えることが可能となる。それまでの呼び出し音がなるだけのトーンオンリー型ポケベルでは特定の相手（＝会社）からの呼び出しにしか利用できなかった。しかし，ディスプレイ型であれば複数からの呼び出しに対応できる。こうして，ポケベルはビジネスマンの必需品から若者メディアへ，用件連絡のためから遊びのためのメディアへと変容していった。

1990年代半ばには，数字表示だけでなく文字表示式のポケベルが普及し，女子高生を中心とした若年層でのポケベルの私的利用が拡大する。「ゲンキ？」「ナニシテル？」「オヤスミ」——このようなメッセージの交換によってポケベル利用時間帯のピークは深夜となった。若者たちは，特に用件がなくても，日常的に友だちとの間で文字メッセージを交換するようになり，「ベル友」と呼ばれるポケベルによるメッセージ交換のみでつながる関係性が，若者に見られる新しい友人関係として注目されたのだ。

また，モバイル端末をカスタマイズする習慣が生まれ，定着したのもポケベル流行期においてであった。当初事業者側がビジネス・ユース向けに用意していたポケベルは無機質な黒い箱であったが，

若者の利用を念頭に、カラフルでさまざまな形状のポケベルが発売されるようになる。若者を中心に利用者側も、自分で絵や文字を書き加えたり、シールを貼ったり、さらには当時流行しはじめたプリクラを貼ったりすることで、どこででも入手可能な端末から自分専用のオリジナルな端末を作り上げるようになった。これが、その後のケータイ・ストラップや端末のペインティング、着メロや待ち受け画面の流行へとつながっていく。

文字コミュニケーションの「快楽」

さて、ポケベル利用者は 1996 年 6 月にピークとなり、1078 万人を数えたが、その後ケータイの普及を受けて、ポケベルの加入数は激減。NTT ドコモは 2007 年 3 月末をもってサービスを終了した。

このようなポケベルの衰退は、一方的にメッセージを入れ、相手からの連絡を待たなければならないポケベルより、直接会話できるケータイのほうが便利だったからではない。実際、当時ポケベルを利用していた若者は、相手を自分の都合によってわずらわせることのない、気軽な文字コミュニケーションの特性を評価しており、ケータイ利用には消極的な面もあったという（岡田・羽渕 1999）。ポケベルが提供する文字によるコミュニケーションには、通話のもつ双方向性の便利さや「肉声」からうかがえる相手のリアリティとは異なる「快楽」が意識されていたのだ。

携帯電話単体で利用できる文字メッセージ・サービスが提供されるようになったのは、ポケベルの流行を受けた 1996 年 4 月のこと、DDI セルラーグループ（現 au）によるサービスからである。すぐに他の通信事業者もショート・メッセージと総称されるこの種のサービスを提供し始めた。注目すべきは、当初、契約している通信事業者が違うと文字メッセージのやりとりができなかったことである。

このため，1997年以降，各事業者が相次いで，ケータイ単体でインターネット経由の電子メールが交換できるサービスを開始すると，10代の若者たちのあいだでは，ケータイ利用の中心は急速に電子メールへと移っていく。ポケベルの流れをくむ，文字コミュニケーションの「快楽」を知る若年層のユーザーが，通話と比較した場合の料金の安さと，送受信できる文字数の多さや異事業者のケータイ間はもちろん，パソコンともメール交換ができる便利さを活用し始めたのである。

4　2000年前後

ケータイ IT 革命論

1999年2月のNTTドコモのiモードを皮切りに，各事業者がケータイからのインターネット接続サービスを開始する。その普及は早く，2001年3月末には，ケータイ全契約数6094万台に対して，ケータイ・インターネット加入数は3457万台と，半数を超した（電気通信事業者協会）。急速な普及の背景については第3章に譲るとし，ここではケータイからのインターネット接続サービスをめぐる当時の「状況」を見ておこう。

1995年は「インターネット元年」と言われた年である。この年の1月に起きた阪神淡路大震災の際には，新聞やテレビなどのマスメディアが伝えることのできなかった被災状況が，被災地の中心に位置する神戸からインターネットを通じて直接世界に伝えられ，世界からの支援のきっかけの1つとなった。身近ではなかったインターネットの威力を広く知らせることとなったのである。また，11月にWindows 95の日本語版が発売されたときには，入手するために秋葉原の電気店に行列をつくる人々のようすが大きな話題となっ

た。グラフィカル・ユーザー・インターフェイスを採用したWindows 95はそれ以前のOSと比べ、使い勝手がよく、パソコンはもちろん、パソコンからのインターネット利用者を増加させると期待された。

しかし、その後数年間、日本でのインターネット利用は期待されたほど伸びなかった。その原因として挙げられたのは、インターネットの回線速度の遅さや従量制の回線使用料など通信インフラ面での整備の遅れ、さらには、インターネット利用の窓口となるパソコン自体の普及の遅れであった。その一方で、インターネットは「IT革命」につながるものとして普及がますます強く望まれるようになる。

「IT革命」とは、IT（Information Technology）によって生じる政治・経済・社会などあらゆる面における「革命的」な変革を指すとされた。2000年前後の日本社会ではこの「IT革命」が流行語となっていたのである。IT革命論は1960年代からの情報社会論の系譜にのっとるものであり、1980年代初頭のニューメディア論や80年代後半の高度情報化社会論、1990年代のマルチメディア論ときわめてよく似た、テクノロジーによる社会変容の可能性を論ずる議論だ。当時、このIT革命論が注目を集めたのは、バブル景気崩壊以降日本では不況が続いていたためでもある。一方で、アメリカは1980年代の不況を克服し、90年代には好景気が続いていた。アメリカの経済再生の鍵はITにあったとされ、不況に悩む日本においては「景気回復にはITこそが必要である」との期待論が頻出するようになったのである。

このような「状況」に登場したのが、ケータイからのインターネット接続サービスである。伸び悩むパソコンからのインターネット利用ではなく、若者を中心に普及したケータイからのインターネッ

ト利用が,日本経済の救世主となると期待されたのだ。「小さいケータイに最先端技術を詰め込む」というイメージは,日本社会で高度成長期以降共有されてきた日本の国際的イメージ,「ハイテク国家日本」に合致していたことも,この「ケータイIT革命論」の流行につながった(松田 2002)。

ケータイのマルチメディア化

さて,先にも述べたように,ケータイからのインターネット接続サービスの契約者数は開始後急増した。しかし,それは当初期待されていた「IT革命」につながるような利用のためではなく,むしろ,ポケベル文化の延長上での利用のためであった。具体的には,若者を中心に,電子メール交換を第一の目的としたケータイ・インターネット利用者が数多くいた。ウェブサイト利用は,ケータイ端末をカスタマイズするための着メロや待ち受け画面のダウンロード・サイト利用が中心であり,それ以外のサイト利用は順調には進まなかったのだ(松田 2003)。

その原因は利用者の多くにウェブサイトを利用する習慣がなかったこともあるだろうが,それ以上に大きかったのは高額な料金だ。支払いができないほどケータイを使ってしまうことを指す「パケ死」という言葉が,当時若者の間で生まれたこともそれを裏づけている。メールを利用しすぎたり,ウェブサイトを利用しすぎたりすると,「パケ死」する。自由に好きなだけケータイからウェブを利用することはできなかったのだ。

携帯電話はメール機能があたりまえになる以前からも,さまざまに利用されてきた。時計機能や電卓機能は古くからある機能であり,今もよく利用されている。メール利用が増えると,文字変換機能を手軽な辞書代わりに使うことも増えてきた。また,第9章でも紹介

する位置情報提供サービスは，当初はPHSで力が入れられていた。というのも，PHSは個々の基地局のカバー範囲が携帯電話より狭く，半径100メートルほどの誤差で位置情報を得ることができたためだ。このようなシステムを利用し，子どもの安全確保や徘徊老人の保護を目的とした位置情報サービスが提供された。これらは，その後はGPS (Global Positioning System) を利用したシステムとつながる。1995年に登場したPHSは携帯電話との競争に敗れたかたちとなったが，携帯電話との差別化をはかるために導入された機能の多くはその後携帯電話に採用された。ポケベルがケータイの「先行メディア」であるならば，PHSは「競合メディア」として，ケータイの発展に大きく貢献したのである（松田 2003）。

カメラ機能は1999年7月にPHSで，翌年に携帯電話で登場した機能だ。当初は普及が伸び悩むものの，2001年からJ-フォン（現・ソフトバンク）が「写メール」という名称で，撮った写真を電子メールで送ることができるサービスを展開してからは，急速に広がっていく。ケータイとカメラの相性のよさには，レンズ付きフィルムやプリクラなど，写真を撮り，友だちと交換することが1990年代前半から若年層において流行していたことが貢献している。

2000年代までにケータイはマルチメディア化するものの，メール機能をのぞけば，ネットワーク端末としての利用は日常的になったとは言い難かった。この状況に変化が現れるのは，2003年以降，各社が採用したパケット定額サービスによる。以降，ケータイからのウェブサイト利用は急速に広がり，また，事業者側もネットワーク接続を前提とした各種のサービスを提供するようになったのである。

引用・参照文献

電気通信事業者協会「携帯電話／IP 接続サービス（携帯）／PHS／無線呼び出し契約数」(http://www.tca.or.jp/database/index.html)

博報堂生活総合研究所，1995『調査年報 1995 情報生活——雄型と雌型の発見』

松田美佐，1996「移動電話利用のケース・スタディ」『東京大学社会情報研究所調査研究紀要』第 7 号

松田美佐，2002「モバイル社会のゆくえ」岡田朋之・松田美佐編『ケータイ学入門』有斐閣

松田美佐，2003「モバイル・コミュニケーション文化の成立」伊藤守・小林宏一・正村俊之編『電子メディア文化の深層』早稲田大学出版部

水越伸，1993『メディアの生成——アメリカ・ラジオの動態史』同文舘

岡田朋之・羽渕一代，1999「移動体メディアに関する街頭調査の記録（抜粋）」『武庫川女子大学生活美学研究所紀要』第 9 号

総務省情報通信統計データベース「公衆電話施設数の推移」
(http://www.soumu.go.jp/johotsusintokei/field/tsuushin03.html)

吉見俊哉，1995『「声」の資本主義——電話・ラジオ・蓄音機の社会史』講談社

吉見俊哉・若林幹夫・水越伸，1992『メディアとしての電話』弘文堂

読書ガイド

●フィッシャー，C. S.『電話するアメリカ——テレフォンネットワークの社会史』（吉見俊哉・松田美佐・片岡みい子訳）NTT 出版，2000 年

20 世紀前半の米国における電話の普及過程を丹念に描き出すことで，メディアと社会の関係性を読み解くひとつの方法論を提起した著作。

- ●富田英典ほか『ポケベル・ケータイ主義!』ジャストシステム,1997年

ポケベル全盛期に執筆されたモバイル・メディアを分析した著作。今日のケータイ文化を理解するために,書かれた時代背景と照らし合わせながら読んでほしい。

- ●吉見俊哉・若林幹夫・水越伸『メディアとしての電話』弘文堂,1992年

日本において,本格的な電話の社会・文化研究はここからはじまった。メディアと社会の関係性を考えるうえでも必読の書。

Column ③　地デジ化にともなう周波数再編がめざすこと

　2011年7月24日，ついにアナログテレビ放送が終了し，デジタルテレビ放送への完全移行を果たした。移行期間は十分にとられ，総務省を中心に告知も続けられてきたが，それまで使っていたテレビ受像機が利用できなくなるため各所で混乱も見られた。はたして，なぜデジタル放送への移行が必要だったのだろうか。

　その理由についてはいくつもあげられるのだが，もっとも重要なのはケータイとも絡む「周波数再編」の問題だったようだ。

　放送はもちろん，ケータイにとっても大切な情報伝達手段である「電波」は，じつは「有限の資源」といえる。特にケータイに関しては，わずかこの20年ほどで利用者が急増し，いまや1人1台まで普及を遂げている。さらにケータイに求められる通信サービスが多様化し，大容量の通信が求められていく中で，ケータイを運用するための電波の周波数帯域確保は重要な課題となっているのである。

　電波には周波数に応じた特性があり，低い周波数では地を這うように遠くまで進み障害物があっても回り込むのだが，電波にのせられる情報量は少ない。一方，高い周波数になると直線的に進むので障害物があると遮られ減衰も大きい。遠くまで飛ばすのには向いていないが，のせられる情報量は多くなる。この長所・短所がバランスよい帯域が超短波（VHF = Very High Frequency），極超短波（UHF = Ultra High Frequency）と呼ばれている周波数で，ラジオ，テレビ，各種業務用無線，そしてケータイなどに使われてきた。

　今回の移行によりアナログテレビ放送で使われていた周波数帯域が空き地となり，そこに今後デジタルラジオ，道路交通情報システム，警察無線，防災行政無線などのほか，ケータイ向けにも新たな帯域が割り当てられる。当然のことながら一番期待されているのはケータイでの電波利用であろう。

　各所のシンクタンクが公表する2020年頃の近未来では，身の回りのあらゆるものが通信するようになるといわれている。ケータイを中心に，各種センサーや家電品，そして情報機器が無線通信で連携し，生活をより一層便利にしてくれる。こうした未来像を実現させるため

の鍵となるのが有限資産である電波の効率的な利用である。地デジ移行にともなう周波数再編の成功次第でケータイを取り巻く未来の社会像も大きく変わってくるのである。

Column ④ 「携帯電話」以前の移動通信について

　無線で音声を送信する実験は，R.フェッセンデンというカナダの発明家が，1900 年に初めて成功させた。日本では 1912 年に逓信省電気試験所が実用化に成功，まずは港湾内の船舶電話としての普及をめざした。太平洋戦争にともなう中断を経て，NTT の前身である日本電信電話公社（以下「電電公社」）が 1953 年，東京湾と大阪湾における商用サービスを開始した。全国の沿岸海域をカバーできるようになったのは 1964 年のことだ。

　列車公衆電話も同じ頃に登場する。日本では 1957 年，近鉄が電電公社の協力のもと，大阪〜名古屋間の特急列車に導入したのが最初である。1960 年には国鉄が東海道線の特急列車に採用した。自動車においては，戦後まもなく警察無線がパトカーに搭載され，1953 年にはタクシー無線が札幌で始まっている。

　そして，電波の有効利用に関する技術開発が進んだ結果，公共的あるいは商業的な目的ばかりでなく，無線電話の個人利用に対する期待が高まっていく。1970 年の大阪万博では，電電公社が試験的に開発した「ワイヤレステレホン」の実演が行われた。それは今の固定電話の子機のようなかたちで，右肩にある発信ボタンを押してから，電話番号をプッシュするだけでつながる。後に登場する携帯電話を予見するようなデザインだった。

　電電公社が世界に先駆けて民間用の自動車電話を実用化したのが 1979 年。その延長線上に開発され，NTT が 1985 年にレンタルを開始したのが「ショルダーホン」である。1500 cc の体積に約 3 kg の重量，肩から下げて持ち運ぶ独特のデザインは，今ではバブル景気を懐かしむ象徴的なアイテムとして取り上げられることも多い。自動車に積んで利用することもできたが，サービスエリアは主要道路沿いなどに限られていた。そして 1987 年には，その名も「携帯電話（TZ-

802B)」という,片手で持てる端末が登場する。その体積は 500 cc,重量は約 900 g まで軽くなった。

　その後,1990 年代なかば以降,ケータイは急速に多機能化する。ケータイに備わった機能のおかげで,持ち歩かなくて済むようになった道具も少なくない。写真を撮ることもできるし,音楽プレイヤーとしても使える。腕時計を身につけなくなった人も多いだろう。こうなるともはや「線の切れた電話」という見方だけで,ケータイの歴史を説明することはできなくなった。ケータイというメディアの成り立ちを理解するためには,無線という技術に秘められた可能性のすべて,そして人間が携帯するようになった道具の変化にまで,幅広く目を向けなければならない。

第3章

ケータイの多機能化をめぐって

この3日間にあなたはケータイを何に使っただろうか？ 電子マネーで炭酸飲料を買った，コンビニで流れていた楽曲が気になってダウンロードした，道に迷ったので経路検索してみた，近くの安い居酒屋を検索してクーポンを使った――。

2000年代以降のケータイは目覚ましい多機能化を遂げたが，その多くは「電話」とはまったく関係のない領域で進行した。このような現象をもたらしたのは，ケータイというメディアを取り巻くビジネスや，利用者に起きていたどのような変化なのだろうか。本章ではこの時期の多機能化の中から一定の支持を得るに至った機能やサービスを題材としてとりあげる。そしてその普及を推し進めていった要因が何だったのかを，テクノロジーや事業者，利用者，そして音楽や出版といった「ケータイ以外」の領域における変化も総合的に視野に入れながら，明らかにしてみたい。

1　なぜ多機能化しなければならなかったか

　冒頭に挙げたような多様で便利な機能がケータイに搭載され始めたのは 2000 年代に入る頃からだが，その頃私たちが通信事業者に「こういう機能を入れてほしい」と熱望していたかというと，必ずしもそうではない。その背景には，普及率が 8 割前後に達して携帯電話市場が成熟化しつつあるという状況があった。通信事業者のビジネスという視点から見たとき，普及率が高い水準に入ったということは喜ばしいことである一方で，それ以降は「まだもっていない人に売って，売上を伸ばす」という従来の成長モデルが通用しなくなるということを意味する。つまり 2000 年頃というのは，「日本のケータイ利用者はこれ以上増えない」ということを前提とした成長モデルの構築が求められていた時期だったのである。

　そこで選択されたのが，「利用者はもう急激に増えないが，ひとり当たりから徴収する金額を増やせばいい」という解決法である。折しもモバイル領域に関わるテクノロジーは猛烈なスピードで進化していた。そこで日本人の大半が四六時中肌身離さず持ち歩くケータイに，通話やメール以外の「商品」を詰め込んでいこうという発想が出てくる。

　具体的には後述するが，電話やメールのような 1 対 1 の「対人通信」以外の用途を開発し，そこを流通するさまざまな情報（お金，音楽，写真，動画，位置情報……）に対して課金するというモデルが代表例だ。そのような意味では，2000 年代のケータイに起きた**多機能化**は，単に機能が「多い」のではなく，「多様」化していた——いわば「**多様機能化**」だった，ということができるだろう。

2　通信事業者主導で普及した「おサイフケータイ」

ケータイを新たな「生活インフラ」に

　2000年代に差しかかりケータイは日本人の大半がもつ生活必需品のような存在を確立していた。それは電気や上下水道のような「インフラストラクチャー」に似ていた。もともと固定電話はその代表的なものだったが，ケータイの場合は「世帯にひとつ」ではなく「個人にひとつ」のインフラであった。そしてデジタル技術によって，音声以外のさまざまな情報を流通させることが可能になっていた。このような様態を目の前にすれば，ケータイビジネスの次の成長モデルとして，生活インフラという「新たな事業」を構想するのは自然な流れである。

　現代の生活の中で私たちは電気・水道なしに生きていくことはできないが，それ自体お金がなければ得られないものである。そういう意味では，私たちのお金依存度は，電気や水道のような基礎的なインフラよりはるかに高い。そこでその「お金」の機能をケータイに付与し，生活のあらゆる場面にケータイ利用機会を創出することで，通信事業者はその手数料等で「通話」「メール」以外の収入を得ようという着想が「おサイフケータイ」であった。

なぜ「おカネケータイ」でなかったのか

　実際の貨幣・紙幣以外のモノにお金の機能をもたせるとき，ほかならぬケータイを使う場合の技術上の優位性というのは，通信機能を利用すればいつでもどこでも入金や決裁ができるということにあった。しかもやりとりするデータを電子マネーから別のものに変えれば，会員カードやクーポン，はたまた自宅の鍵としても使うこと

ができる。店舗や自宅のドアに読み取り装置さえあれば,無限の役割を期待することができる。そもそも私たちは「財布」にお金だけでなく,会員カードやスタンプカード,領収書,割引券,誰かの電話番号,時刻表,御守りなど,実に多様なものを詰め込んでいる。「おサイフケータイ」が「おカネケータイ」というネーミングでなかったのは,「財布」の実際の用途を勘案した巧みなネーミングだったと言うことができるだろう。

私たち利用者にとっての「おサイフケータイ」の利点を考えてみても,急いでいるときに小銭を払うのが面倒くさくないといった,「お金」に関わること以外に,何枚もの会員カードやクーポンで著しく膨張した財布を持ち歩かなくてもよいということや,会員カード機能で利用するたびにポイントが貯まるといった,消費生活の利便性を向上させてくれるというものがあった。またクレジットカードと違って利用開始時の審査や利用時のサインが不要ということや,分割払いなどで借金消費してしまう不安が小さいといったことも,心理的な抵抗感を小さくしていただろう。もっと言えばそれ以前に,ⅰモード等のサービスによって,小額なものから高額なものまで,ケータイで簡単にネットショッピングできるという体験を私たちは知っていた。しかもその支払いを,通信料の請求と一緒に通信事業者に一本化して済ますことができていた。この安心感も,現金以外での買い物に比較的抵抗感が強いと言われる日本人の背中を押したもののひとつだろう。

これを(通信事業者ではなく)企業や商業施設の側から見れば,電子決済でレジの混雑緩和が期待できるといったこと以外に,今までは「もう財布に入りきらないから」という理由で自宅に放置されていた自社・自店の会員カードやクーポンが「おサイフケータイ」の中に入ることで,個人ごとの購買履歴を把握して顧客情報を管理す

る，満足度の向上を図る CRM（カスタマー・リレーションシップ・マネジメント）が行いやすくなるといった，マーケティング上の利点もあった。折しも 2000 年代は長期不況の時代であり，不透明な日本経済の中で，生活者の中にも合理的な買い物をしたいという指向が高まっていた。従来はいつも自宅に忘れていた会員カードやクーポンを入れておくことで煩雑さがなく，かつおトクな買い物をできるおサイフケータイは，そのような生活者の欲望の中で受容され，コンビニをはじめとした多様な商業施設で全国的に普及していったのである。

3 　音楽業界を巻き込んだ「着うたフル」

ケータイの「携帯音楽プレーヤー化」の思惑

「おサイフケータイ」が生活必需品的なテクノロジーとして普及していったのに対して，「必需ではないが，あれば楽しい」ものとして普及していった機能の中に「着うた」「着うたフル」がある。その背景として触れておきたいのが，アップル・コンピュータ（当時）による携帯音楽プレーヤー「iPod」の登場である。日本で発売されたのは 2001 年 11 月だが，2007 年には世界での類型販売台数が 1 億台に達し，「ソニーのウォークマンを超える革命」という評価も聞こえていた（→ Column ⑤）。

音楽業界およびエレクトロニクス業界のそのような「地殻変動」の中にあって，同じ「携帯」機器であるケータイの世界においても，音楽プレーヤーとしての機能を普及させていこうという動きが出てきた。もちろんそれ以前のケータイに音楽機能がなかったわけではない。さかのぼれば，楽曲を楽譜データとしてケータイに取り込んでメロディーのみを再現する「着メロ」は音楽機能の一種であると

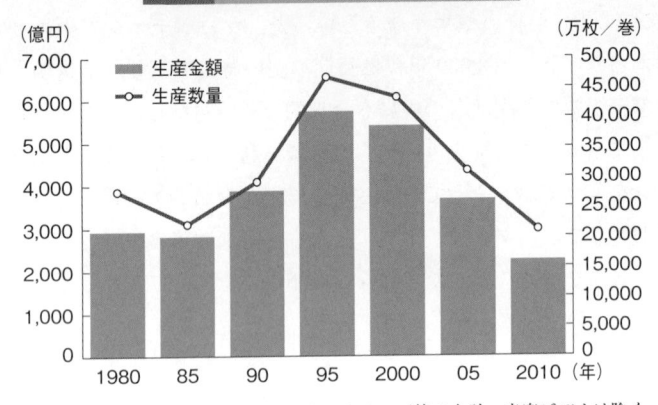

図 3-1 オーディオレコード生産金額・数量

(注) アナログディスク，CD，カセットテープ等の合計。音楽ビデオは除く。
(出所) 電通総研編 2011，および日本レコード協会 2011 より作成。

言える。ただしボーカルそのものが再現できず演奏の強弱なども失われた着メロは，「音楽鑑賞」の対象としては十分な条件を有していなかった。そのような状況のなか，通信回線大容量化や定額制導入，大容量メモリーの登場などによって，ケータイでも楽曲のオリジナルデータをダウンロードし，保存できる技術的条件が出そろいつつあった。

いや，技術的条件だけではない。日本の音楽ソフトの市場規模は，若年層人口の減少などを背景にして，GLAY や L'Arc～en～Ciel が活躍した 1998 年をピークに縮小に転じていた（図 3-1)。「CD が売れなくなった」と言われる時代に，レコード会社が楽曲の新たなる「販路」として，日本人成人のほぼ全員が所有しているケータイに目をつけたとしても何の不思議もない。何よりそれまで音楽の主要な消費層であった 10 代の間にもケータイの普及が急速に進んでおり，しかもヘビーユーザーである，という事実は大きな魅力であっ

たはずである。

　技術的条件以外に，そのような音楽業界の環境変化や，通信事業者としてのケータイの付加価値化の思惑が交わるところに「着うた／着うたフル」の構想は埋め込まれていた。

「着うたフル」の形容矛盾

　ところで「おサイフケータイ」のネーミングの妙については前述したが，「着うたフル」についてはどうだろうか。「着うた」が30秒ほどに切り出された断片であるのに対して，「着うたフル」は楽曲をフルコーラスで提供するものだ。

　ここには今から考えると奇妙な矛盾がある。「着うた」の「着」という文字は，元々単純なベルのような音にすぎなかった「着信音」が，楽譜データに基づいた「着信メロディ」になり，そこにさらにオリジナル音源による「着信うた」が登場した……という変遷の中で理解すれば，妥当性の高い表現である。つまりいくら音がリアルになっても，電話やメールの「着信」を知る手段にすぎないのであるから，「着」だという理解である。

　ところが3〜4分の楽曲全体を再生する「着うたフル」は，定義上「着」ではありえない。「着信」を知らせる音が鳴っているのに，放置して3分も聴き続ける者は誰もいない。「着うたフル」の実際の利用法が，「着信通知」ではなく「純粋な鑑賞」であることは疑いなかったはずである。にもかかわらずなぜ「着」という表現が使われ続けたのか。そこにはもちろん，一定の広告費を投下して獲得した「着うた」というネーミングの認知率を引き継ぎたいという思惑もあっただろう。だが，音楽再生装置としてのケータイの品質——とりわけ圧縮データの音質や内蔵スピーカーの性能など音質面の品質——において，レコード会社やアーティストなど楽曲提供者

3　音楽業界を巻き込んだ「着うたフル」

の側に,「本当はちゃんとCDを買って,もっといい再生装置で聴いてもらいたい」という「本音」も少なからず存在したはずだ。

たとえば「着うたフル」サービスの開始当初は,もちろん全楽曲を提供していたアーティストも存在していたが,「今度のアルバムの,この曲の,ワンコーラスだけ」を販売・無料提供するというケースも少なくなかった。すなわち,「CDのアルバムを購買してもらうための販促ツール」として位置づけられていたということである。もともと,30秒ほどしか収録できない「着うた」フォーマットではそのような使われ方は一般的であったが,フルコーラスで収録するために開発された「着うたフル」においてさえ,「CDを売るための販促」的な見方は完全にはなくなっていなかった。

あるいはケータイの音楽プレーヤー化を先導したauの「着うたフル」ダウンロードサービス「LISMO」の広告キャンペーンにおいて,2008年ごろから「サザン解禁」「尾崎豊解禁」のように「解禁」という表現が使われ始めた。これを逆から読んでみれば,それ以前は着うたフルでの楽曲販売を了解しなかった音楽業界側の意向が存在した,というようにも考えることができる。

いずれにせよ,「着うたフル」の形容矛盾的なネーミングからは,この時期の音楽ビジネス／文化をとりまくジレンマを読み出すことができるだろう。

サビだけで楽しむカラオケ

さて,今私たちは「着うた」,さらには「着うたフル」でも,「CDを売るための販促ツール」として使われていた側面があったことを考察した。

ところが利用者側の視点に立ってみると,まったく異なる面が見えてくる。2008年ごろに筆者が中高生にグループインタビューを

行った際，彼らは日常の遊び方としてカラオケボックスでの不思議な楽しみ方を挙げた。自分の歌いたい曲をフルコーラスで1曲ずつ歌うのではなく，「とにかくたくさん曲を入れて，早送りをしながらみんなでサビの部分だけをどんどん歌ってゆく」というのである。その背景には，彼らが日常の音楽鑑賞を，ケータイの「着うた」中心に楽しんでいるということがあった。30秒ほどしか収録できない「着うた」は，必然的にその楽曲の一番「オイシイ」部分だけを抜き出したものとなる。だから彼らは「そこそこに好きなアーティストたち」の曲についてはCDや「着うたフル」を購入せずに，「着うた」だけをダウンロードして聴く。したがってBメロなどのパートについてはまったく知らないが，みんなで一緒に歌えるサビの部分だけは，何曲分も知っているのである。供給側が「これは着信通知として」と定義して提供していたものを，彼らは立派な鑑賞対象に変えていた。音楽業界が「まだCDを」と思っている間に，たった30秒の「着うた」のコレクションから，利用者は新しい音楽享受スタイルをつくりだしていたのである（ただしこの背景には違法ダウンロードサイトの出現があったことを忘れてはならない。限られた小遣いの中からどうやって楽しみを得るかを考える中で，違法サイトが準備した環境も小さからぬ影響を与えていただろう）。

4 誰も予測しなかった「ケータイ小説」

ケータイ小説，誕生前夜

ここまで見てきた事例はいずれもテクノロジーの「供給側」の企図が起点となっていた。その一方で，当初は供給側の戦略が何ら存在しない状況だったのにもかかわらず，生活者が主体的に利用価値を「発見」したことが起点になり，企業が事後的にマーケティング

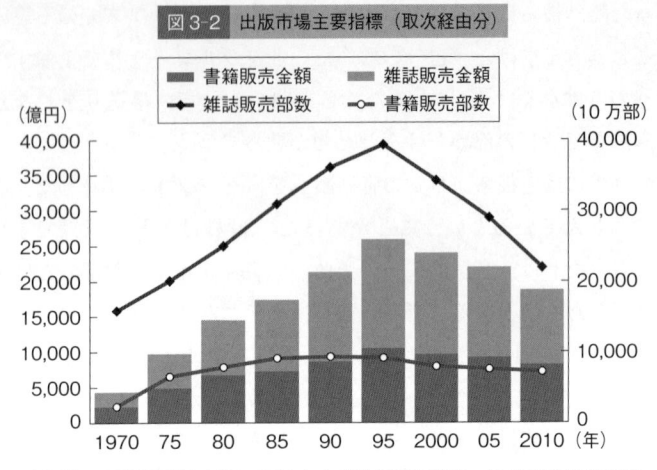

図3-2 出版市場主要指標（取次経由分）

（出所）電通総研編 2006, 2011 および全国出版協会・出版科学研究所編 2011 より作成。

活動に乗り出して普及していった機能やサービスもあった。1990年代におけるその代表はポケベルだったが，本章では「ケータイ小説」をその代表として論じてみたい。

「着うたフル」と比較して言えば，書籍はその購買層を音楽ソフトほど若年層に依存しているというわけではなかった。しかし 90 年代から 2000 年代にかけてやはり一貫して市場は縮小傾向にあった（図3-2）。

だからと言って，当時の出版業界が「これからは紙でなくケータイで『本』を読んでもらう」という明確な提案をしていたかというと，必ずしもそうではない。現在でこそアメリカを初めとして電子書籍端末による「本」の流通はあたりまえのこととなっているが，当時は依然として「紙」が絶対の媒体と思われており，出版業界が選択していた戦略は，「本」をケータイで流通させて「紙」の売り

上げ減をカバーするというものではなく,「紙」全体の縮小を「紙」のメガヒットで補う,というものだった。『ハリーポッター』シリーズが大ヒットとなっていたのはまさに2000年頃のことである。

想定外の『Deep Love』ヒット

　その一方で,利用者の側では別の動きが生まれていた。通信料の定額制導入はまだだったが,大画面のケータイやiモードなどの普及で日記や掲示板へのアクセス／書き込みが一般的になりつつあった。そこでは,プロの物書きによるものではないが,とにかく膨大な量の文章の流通が始まっていた。出版業界が「紙で」「プロの作家や専門家で」ということを大前提として市場縮小に立ち向かおうとしている間に,従来の出版システムとはまったく異なるプロセスでつくりだされる「作品」が出現しつつあった。

　その先駆とも言えるのが,yoshiの『Deep Love』シリーズである。女子高生を主人公にして売春,レイプ,妊娠など破滅的なモチーフを多用したこの恋愛小説は,2000年に彼が個人的に立ち上げたケータイ向けサイト「ザブン」上で公開され始め,女子高生を中心に口コミで大きな評判となった。自費出版を経て最終的には出版社からも紙の本として発売されて,累計270万部を超えるヒット作品となった。

　それまでの出版業界においては,執筆者以外に,担当編集者やその上司,取次や書店へ本を販売促進する営業担当者など,複数の人間の手を経て読者に本が届くという仕組みが大前提として存在していた。特に内容面では編集者の存在は決して小さくなく,作家が書いた原稿をチェックしてわかりにくい箇所の修正を求めたり,見出しをつけていったり,執筆に必要な情報を得るための取材をセッティングしたり同行したり……という働きをしていた。とにかく執筆

者は自分以外の専門家とのコミュニケーションの中で文章を書くというのが一般的な姿だった。

だが『Deep Love』は，そのような専門的プロセスとまったく無縁のところで執筆された。それどころか，連載中に寄せられた「素人」読者からの感想やエピソードを物語に反映させるかたちで書かれていた。同じコミュニケーションでも，出版社のそれとは意味がまったく異なっている。

ケータイ小説 2つの共通点

『Deep Love』シリーズのヒット以降，同じくケータイ向けに書かれた小説が次々と現れ，一定の支持を得ていった。その多くには，大きく言って2つの共通点が備わっていた。ひとつは物語の内容に関わるもので，「10代後半の男女が主人公で，売春・レイプなど破滅的な行為が全面的に展開される」という共通点。そしてもうひとつは，「情景描写や心理描写よりも生のセリフが多く，一文が短く，改行が多用される」という，形式に関わる共通点である（→Column ⑥）。

前者の共通点については，フリーライターの速水健朗が著書『ケータイ小説的。』の中で，「ファスト風土化」（三浦展が『ファスト風土化する日本——郊外化とその病理』で指摘する，都市風景の均質化）した郊外で通学生活を送る中高生の環境や，浜崎あゆみやマンガ『NANA』等の詞やセリフとの類似，そして2000年前後がまさに中高生にケータイが普及していった時期であることなどの影響を指摘している。

後者の共通点については，多くの書き手たちが，個人的なメールや日記の延長のような感覚で自分の経験を書き綴っていたことが相関していると考えられるだろう（→第4章）。とりわけ文学好きとい

うわけでもない少年少女たちが，個人的な体験をもとに『Deep Love』のような雰囲気でもって，ケータイの小さなディスプレイを眺めながら，小さなキーを操って入力していく。おもしろいと思った者が掲示板に感想を書き残していく。書き手はそれを読んでストーリーに脚色を加えていく——。

　いずれにせよこの2つの共通点をもったケータイ小説は，従来の文学とはまったく異なるものとしてその姿を定めていった。

新しい「書き手」の出現

　ある出版社の編集者は，「ケータイ小説は，どれだけ売れているものでも，やはり稚拙だ」という見解を筆者に示してくれたことがある。たしかに従来の出版システムでは，このような物語，このような表現形式のものが「文学」として大量に出版されるということは起こりえなかった。だが「それまでのどんな企業やビジネスモデルをもってしても出現しえなかった種類のヒット作」が，ケータイというメディアに「自生」したという事実の重要性を見逃すことはできない。

　このことの意味は，同じ10代の書き手が同じテーマでもって小説を書いても，いわゆる文学少女のような作家と，ケータイ小説だからこそ書いた作家とでは，そのアウトプットが大きく異なることを考えればよくわかる。たとえば作家の平野啓一郎は，『Deep Love』以降の代表的ケータイ小説である美嘉の『恋空〜切ナイ恋物語〜』(2006年)と，同じく2000年頃の高校生の生活を綴った芥川賞受賞小説『蹴りたい背中』(2003年)——こちらは執筆当時高校生だった綿矢りさによる「純文学」作品——を比較して興味深い指摘を行っている。

ケータイ小説と,芥川賞小説

平野は両作品の共通点として,ともに「2000年頃の高校生の生活」という同じ舞台装置を採用しており,主題も勉強や進路の話ではなく,恋人・友人とのコミュニケーションそのものが主題となっている(「コミュニケーション偏重小説」)点を挙げる。

だがそれ以外ではプロットや文体など「何もかも」が異なっているという。『蹴りたい背中』にはケータイやメールがほとんど登場しないのに対して,『恋空』では逆にそれらが必要不可欠な要素となっている。前者の物語は「クラス」という日常的に対面接触があるコミュニティへの帰属意識をめぐるものであるのに対して,後者は偶然知り合った主人公と恋人の間のコミュニケーション不全をめぐる物語だ。クラスメートではない2人はケータイを通じて愛を育んでいくが,いくらメールを交わしても終始「相手が何を考えているのかわからない」という状態に置かれていき苦悩する(→第4章)。そして物語の最後で恋人の死に遭遇した主人公は,2人の間のコミュニケーションを不安定にし続けていた当のケータイを使って,小説を書こうと決心する――。

すなわち『恋空』は,「(同時代の少年少女が感じている)コミュニケーションの不安に立ち向かう」という内在的な物語を,その「当事者」といってもよいケータイという,これもまた内在的な手段で記述し,ケータイで読んでもらうものとして創作された物語なのである。そこには,従来の純文学では描ききれなかった種類のリアリティがあったとは考えられないだろうか。この作品はケータイ小説配信の先駆けである携帯サイト「魔法のｉらんど」で人気を得た作品であり,出版されると100万部の売上を記録し,2007年にもっとも売れた文芸書のひとつとなった。他のさまざまな企業がケータイ小説のサイト運営や出版化に続々参入し,急速に市場規模が成長

していく（そしてブームが沈静化していく）ことになるのは，その後の話である。

　ケータイ小説誕生の前後には，もちろん縮小しつつある出版市場に対する危機意識はあった。だが出版社にせよ通信事業者にせよ，主要な企業の中で，文学に精通しているわけでもない「素人の少年少女」が日記感覚で書いた平易な文章が，その年のベストセラーとなることを予想した者など誰もいなかった。それはテクノロジーやメディアの専門家たちが想像すらしなかった場所から現れた。そしてそこには，自分たちに切実なテーマを描き共有するのに，ケータイほどふさわしいメディアと表現形式はないという，必然的で合理的な「発見」があったのである。

5　社会の「編み目」としてのケータイ

　2010年代に入り，ケータイの「多様機能化」はスマートフォンというかたちでさらに進行している。企業は新しい機能やサービスの開発に，より多くの費用を投下していくだろう。だが加速度的に機能が増えても，私たちが支払えるお金や，それを利用するための時間が増えるわけではない。新しい機能や無料の機能は一時的には魅力的に映るだろうが，私たちは自身の生活の中でその価値を試し，その採用・不採用を判断してゆく。またあるいは，供給側としてはそれほど魅力があるとは思っていなかったテクノロジーや機能の中に，私たちのほうから「意外な価値」を「見いだす」という場合もあるだろう。そこには多くの場合，私たちの欲望に根ざした必然性や合理性が存在している。その「動態」を読み解くことを通して，私たちは私たち自身が何を欲しているのかを知ることができる。ケータイは，ケータイ以外の，社会のさまざまな領域における変化や

欲望が複合的に組み合わさって現れる,編み目のようなメディアなのだ。その意味では,今後ますます進むケータイの多様機能化は,私たちにとって絶好の学びのフィールドとなるだろう。

引用・参照文献

> 電通総研編,2006『情報メディア白書 2006』ダイヤモンド社
> 電通総研編,2011『情報メディア白書 2011』ダイヤモンド社
> 速水健朗,2008『ケータイ小説的。──"再ヤンキー化"時代の少女たち』原書房
> 平野啓一郎,2009『小説の読み方──感想が語れる着眼点』PHP研究所
> 日本レコード協会,2011『日本のレコード産業 2011 年版』
> 全国出版協会・出版科学研究所編,2011『出版指標年報 2011 年版』

読書ガイド

●浅野智彦編『検証・若者の変貌──失われた 10 年の後に』勁草書房,2006 年

友人関係やアイデンティティなどを素材に社会学の視点から「若者」をとらえなおしている。技術論に偏らずメディアを考える足場に。

●濱野智史『アーキテクチャの生態系──情報環境はいかに設計されてきたか』NTT 出版,2008 年

ニコニコ動画など 2000 年以降の日本に現れたネット上のサービスの構造を考察している。メディアの社会的意味を考えるヒントに。

●松永真理『i モード事件』角川書店,2000 年

サービス誕生の秘話を描いたエッセイだが,今ではあたりまえのケータイの姿がどんなせめぎ合いの中から生まれたのかを語る貴重な資料。

Column ⑤　音楽を私的に楽しむテクノロジー

　着うたや着うたフル登場の背景として押さえておきたいのが，「iPod」や「ウォークマン」の歴史である。携帯電話会社各社が，音楽再生機能の充実したケータイを「音楽ケータイ」として若年層に売り込むことを始めたとき，AV機器業界ではアップル社製の携帯音楽プレーヤー，iPodが圧倒的な存在感を確立していた。

　日本で発売されたのは2001年。それまでもデジタル技術で圧縮した楽曲データをメモリーカードに保存して持ち運べる携帯音楽プレーヤーは存在していたが，iPodは大容量のハードディスクを採用することによって，「持っている曲の一部」ではなく「すべての曲をつねに持ち運ぶ」というスタイルを可能にした。また楽曲の保存も従来CDからの圧縮ダビング中心だったのに対し，日本では2005年に開設されたダウンロードサイトからネットを通じて購入・保存する形式を確立した。iPodシリーズは2007年には世界での累計販売台数が1億台に達し，「ウォークマンを超える革命」という評価も聞こえていた。

　そのウォークマンは，元々はソニーが1979年から販売を開始したテープ式の携帯音楽プレーヤーである。発売後まもなく若年層を中心に爆発的にヒットし，新聞紙上にはヘッドフォンを装着して通りや電車内を闊歩する若者達の姿が踊った。現在は何のニュース性もないこの光景だが，当時は大きな論争を巻き起こしていた。いわゆる音漏れが耳障りだという批判に加え，他者と空間を共有する公共の場で外界の刺激を遮断し，自分にしか聴こえない音楽に浸るという行為が身勝手なものとして，「大人」たちからの批判の的となった。

　その後1990年代になってケータイの普及が急速に進んだ際，「電車内での通話」や「着信音」が公共マナーに反する行為として問題視されたのだが，これもケータイ特有の問題というよりは，ウォークマン同様，公共的な空間の中にテクノロジーによっていきなり私的な空間が出現し「不関与の規範」（→第8章）が揺さぶられることに対する，私たちの戸惑いなのかもしれない。

Column ⑥　似て非なる？　ケータイ小説とケータイコミック

　ケータイ小説とケータイコミック（携帯電話で購読するためのマンガ作品）は，「電子書籍」としては似ているようで，その発展の仕方はまったく異なっている。

　ケータイ小説はいわゆる文壇から，いくつかの点で否定的に評価されていた。その中でも多かったのが文体上の特徴に対するものであった。形容詞，形容動詞，副詞といった修飾語が極端に少なく，接続詞も省略された文章は，たしかに従来の文学作品と比較すれば，「さすが作家」という印象は与えない。だがもしも，ケータイ小説の存在意義が「それまでなら小説を書こうと思いもしなかった無数の少年少女たちを，表現行為へ向かわせたこと」にあるのだとしたら，素人の文体こそが，このジャンルの成立要件だったとも考えられる。たとえば平野啓一郎は「この文体だからこそ成功したコミュニケーション空間が，今の社会に存在するという事実は，誰にも否定できないだろう」という観点を提示している。

　対してケータイコミックの描き手たちはプロだった。もちろんプロ並の画力・構成力を備えた同人誌系のマンガ家たちも作品を提供していたが，この市場に対する出版業界のスタンスは，「すでに紙で出版済みのハイレベル作品を，ケータイ向けに再利用する」というものであった。一部では，一度も紙で出版されたことのない新たな作品を，ケータイで読むことに特化して描き下ろす試みも成されていたが，そこから新しい描き手や表現形式が脚光を浴びて大衆的に受容されるというまでには至っていない。またケータイ小説の文体がケータイという機器の画面サイズやキー構造と密接に関係しているのに対し，ケータイコミックでは，表現形式と機器には何の関係もなかった。多くの場合，元々大きな紙に描かれた複数のコマを，ケータイの小さな画面に表示するために，やむなく個別の均等なサイズで表示していくという方法をとっていた。そこではもとのコマ間のバランスや全体の画面構成がもっていた意味は消失していた。

　ケータイ関連ビジネスとしては両者共に一定の成長を成し遂げたが，そこで新たな担い手や表現形式が重要な意味をもったかどうかという

点では，まったく似て非なるものとも言えるだろう。

第4章

若者とケータイ・メール文化

本章ではケータイ・コミュニケーションにおいてもっともポピュラーと言えるメール・コミュニケーションについて，特に若者を中心に考察していく。ケータイが電話というメディアの延長上にあるものとして発展してきたとすると，通話，すなわち声によるコミュニケーションがその中心になると想定される。しかしながら，若者におけるケータイ・コミュニケーションでは通話よりもメールが中心を占めている。このようなメールを中心としたケータイ・コミュニケーションはメディアとしてのケータイを考えていくうえで非常に多くの示唆を含んでいる。

1 ケータイ・メールによるコミュニケーションの広がり

ケータイ・メール前史

メールによるコミュニケーションはケータイの登場によって急に出てきたものではない。直近としては1980年代半ばから90年代にかけて広がっていたパソコン通信,ポケベル,PHS,ファックスなどさまざまなメディアによる文字コミュニケーションの系譜の上にあると言える。

たとえば,「大人たち」の間には1980年代後半から90年代にかけて,NIFTY-Serveなどのパソコン通信,あるいはインターネットの普及による電子メールなどパソコンを中心とした文字コミュニケーション文化があった。またそれとほぼ同時期に家庭用ファックスが普及したことで家庭において手書きの文字や絵を手軽に送りあうことができるようになった。これらのメディア技術とその普及はケータイ・メールによるコミュニケーションが普及する下地をつくったものとして挙げることができるだろう。

後にケータイ・メールによるコミュニケーションを牽引することになる若者を見てみると,この時期,ポケベルやPHSが普及していく中で互いにメッセージを送り合う文字コミュニケーションが活発に行われていた。1990年代末には異なるキャリア(通信事業者)間でのメール交換が可能になり,このことがケータイ・メールによるコミュニケーションの急速な普及につながったと言えるだろう(→第2章)。

同期性と非同期性の両立

ケータイが携帯電話として電話の延長線上にあるメディアである

にもかかわらず，なぜケータイ利用においてメールが通話と同様，あるいはそれ以上に用いられるのか。ひとつは公共の場でのマナーの問題があった。ケータイが普及していく中で電車など公共の場ではケータイ利用，特に声を出す通話は控えることがマナーとされるようになった。通話は公共空間において互いに相手の振る舞いに関心を示さない「儀礼的無関心」や「不関与の規範」を乱すものとして特に日本においては忌避される（→第8章）。しかし，メールは着信音さえ消してしまえば，公共空間の規範を乱すものではない。こうした特徴は，メール・コミュニケーションに矛盾した性格を与えることとなった。すなわち，メールは後で，あるいは選択的に見たり，返信したりすることができるなど非同期性が高い。一方で，着信音やボタン音を消してしまえば完全に無音になるため，声を発する通話が問題となるような公共空間においてもリアルタイムな，すなわち同期性の高いコミュニケーションも可能となる。結果的にメールを見ることも，返信することもできないという状況ができにくく，それゆえ見られない・返信できないことが問題化する。このように，ケータイ・メールは非同期性の高さと同期性の高さの両立が求められるという，ある種，矛盾したコミュニケーションを可能にしたのである。そのため電車やバスなど公共交通機関を使っての通勤・通学時間が長い日本において，ケータイ・メールは非常に都合の良いコミュニケーション・ツールであったのである。

　また，日本の場合，ケータイでの通話料金が高いという事情もあった。特に若者たちにとって，ケータイの通話料の高さは死活問題である。ケータイ代は親が払っているという家庭も多く，使うことを許される金額が設定されている場合も多い。そのため若者たちは料金が高く設定されている通話を避け，安価なケータイ・メールを中心に利用したのである。

2 ケータイ・メールの利用と人間関係

ケータイ・メールとの出会い

若者たちの間でメール・コミュニケーションが一般化していくのはどの段階であろうか。一般的に中学校，高校への入学時をきっかけにケータイを持つことが多い。中高生にとってケータイの連絡先を教え合うことは友だちづくりにおいてひとつの大きなきっかけとなっている。こうしてケータイの連絡先を教えあうことをきっかけに形成される友人関係はどれほどの規模になるのか。たとえば，モバイル社会研究所の「2009年子どものケータイ利用と人間関係に関する調査」によると，「ケータイ電話帳登録件数」では50～99件と回答したのは12歳で9.7%であるが，中学に入学する13歳になると25.0%，高校に入学する16歳では34.3%と増加し続けている。また，100～199件は12歳では3.2%であるのに対し，13歳では8.3%，16歳では31.5%となっている。このように「友だち100人できるかな」はケータイの電話帳登録件数では中学から高校にかけて，すなわちケータイを持ち始める年代になった段階で少なからず実現していると言える。

2010年に発表されたBenesse教育研究開発センターによる「第2回子ども生活実態調査」では，小学生中学生高校生のケータイ利用について2004年と2009年の調査を比較している。小学生の段階では家族にかける電話が中心であり，またメールに関しても「家族に送るメール」が60%を占めた。それに対して，中学生・高校生では「家族にかける電話」は60%を割っている一方で「友だちに送るメール」が90%近くであった。このようにケータイの普及率の上がる中学生・高校生の段階からケータイ・コミュニケーション

において家族から友人へ、通話からメールへの移行が見られる。この傾向は2004年と2009年で比べてもほぼ変化していない。

　それでは実際、どれくらいの量のメールがやり取りされているのだろうか。モバイル社会研究所による「2010年一般向けモバイル動向調査」によると「昨日ケータイから受信・発信したメールの受発信数合計」は「1〜4通」が40.9%、「5〜9通」が20.8%で60%を超えており、一般的にはおおよそ10通以内のやり取りが多くを占めていると言える。一方で「0通」、すなわちメールでのやり取りがない層も16.2%と比較的多いように見える。しかし、60歳以上では「0通」と回答した割合が30%以上であったのに対し、10代、20代の若者層を見ると、15〜19歳では2.5%、20〜24歳では2.1%、25〜29歳では3.9%と少数派であった。逆に50通以上と回答したのは60歳以上では1%以下であったのに対し、15〜19歳では8.6%、20〜24歳では5.3%、24〜29歳では3.0%と少数ながら存在している。

　以上で見てきたように、若者たちのケータイ利用において通話よりもメールが、家族よりも友人が優勢となるのは中高生からであり、この傾向は少なくとも2005年以降ほぼ変わっていない。またメールの量として1日に50通以上という若者も一部いるものの、0通はほとんどおらず、おおむね1通〜20通程度のやり取りを行っていることがわかった。ケータイ・メールによるコミュニケーションは少なくとも2000年代を見る限り、90年代のポケベルに見られたようなブームというよりもひとつのコミュニケーション形態として定着していると言えるだろう。

ケータイ・メールがつくる人間関係

　それではケータイ・メールによるコミュニケーションが常態化し

た現在では，若者たちはどのような人間関係を形成しているのだろうか。ケータイ・メールのやり取りが事前にアドレス帳に登録している友人と行われるのであれば，人間関係を広げていくというよりも既存の人間関係を強化するような方向性に向かう。実際に，宮田（2005）も指摘するように，ケータイ・メールはパソコンでの電子メールと比べて，近くに住んでいる人とのコミュニケーションに使われることが多く，異なるネットワークに所属する人との関係を広げるというよりも，身近な人間関係を強化するものであると言われている（→Column ⑨）。また，松田（2000）が指摘するように，若者たちはケータイにかかってきた番号を見て出る・出ないを決めるという「番通選択」を駆使しながら，希薄化した人間関係ではなく，選択的な人間関係を生きている（→Column ⑧）。ケータイ・コミュニケーションにおけるメールアドレスはケータイの電話番号以上に人間関係を選択的にする。なぜならメールアドレスは，変更しても教えなければ，アドレスしか教えていない相手からは自分に連絡を取ることはできなくなる。そのため電話番号ではなくメールアドレスだけでできている友人ネットワークは変更したメールアドレスを教えるか，教えないか，という選択を通して再編成が可能である。そういった意味で，ケータイ・メールが主なコミュニケーション手段となっている若者にとってメールアドレス交換・変更は「番通選択」と同様，あるいはそれ以上に友人ネットワークの形成・再編成に大きな影響を与えていると言えるだろう（→第5章）。

3 文化としてのケータイ・メール

前節で見たように，若者たちの間でケータイ・メールによるコミュニケーションが広まり，普及していくのにともなってポケベルと

同様に独自の「メール文化」と言えるものも形成されてきた。メール文化は大きく分けてメールの文面における装飾と、メールを送受信する際の作法的なものと、2つの特徴が指摘できる。

メール装飾

　メールの装飾にまつわるものは、たとえば、各ケータイ・キャリアに登録されている「絵文字」や（^_^）や:-)といった「顔文字」、いくつかの文字や記号を組み合わせ「ナょ」を「な」と読ませるような「ギャル文字」、また文字だけでなく、背景やキャラクター、動きなどメール自体の装飾ができる「デコメ（デコレーションメール）」などがある。このようにメールにさまざまな装飾を施すことは、ストラップやシールなどでケータイ自体を飾ることと同様に、「かわいらしさ」「自分らしさ」の表現という意味もあるが、それ以上にメール・コミュニケーションにおける配慮が大きな要素を占める。文字によるコミュニケーションは対面コミュニケーションと異なり、表情や手振りなどのノンバーバル（非言語的）・コミュニケーションがなく、感情やニュアンスを伝える、あるいは読み取ることが難しいと言える。特にケータイ・メールは比較的短いメッセージになるために誤解を招くことも多かった。絵文字や顔文字の利用はこうした文字コミュニケーションの制限を乗り越え、ケータイ・メールに送り手の気持ちやニュアンスを込めることを可能にした。メールにこうした絵文字や顔文字が使用されず、句読点だけの場合、そのメールを「冷たい」と感じる若者たちは少なくない。一方で、受け手は絵文字や顔文字を利用してメールに込められた送り手の気持ちやニュアンスを読み取るように求められるようになった。そのためケータイ・メールによるコミュニケーションにおける誤解は、文字数が少ないことや絵文字や顔文字がないことだけではなく、絵

文字や顔文字の「誤読」からも起こりうるのである。

メール作法と「絶え間なき交信」

　メール文化のもうひとつの特徴はなるべく早く返信をする「即レス」などケータイ・メールを送りあう行為に関わる「メール作法」的なものである。この背景にはメール・コミュニケーションが普及するにつれて、用件だけのやり取りから、やり取りが続くこと自体が目的となるコンサマトリー（自己充足的）なメール文化が広まったことが挙げられるだろう（→第7章）。相手が返したくなるためのメールの書き方などを指南した「メール術」関連の書籍が多く出版されるようになったことはその証左と言える。

　こうして若者を中心にケータイ・メールがコミュニケーションの中心手段になっていくにつれ、「メール上手＝コミュニケーション上手」という図式が成立するようになった。コンサマトリーなコミュニケーションが一般化すると、返信がないことへの不安が見られるようになる。小林らの2005年の調査では「ケータイ・メールが長くこないと、不安になりますか」という質問に対し「しょっちゅうなる」が6.5%、「ときどきなる」が37.2%であり、年齢が若いほどその割合が高くなる傾向が見られたという。また不安になるまでの時間に関しても、10代の中高生世代は2時間以内が34.2%、2時間以上4時間未満が19.5%、4時間以上6時間未満が22.0%という結果となり、他のどの年代よりも上回っている（小林ほか 2007）。

　このようにケータイ・メールはコミュニケーションへの欲求を引き出し、叶えるメディアであり、実際に我々はケータイを片手に「絶え間なき交信」を行うようになった。しかし、それと同時にケータイはそれまで存在しえなかったコミュニケーションの強制や返信がないことへの不安をもつくりだした。ケータイ・メールに見ら

れる同期性・非同期性の両立はそれを多用する若者におけるコミュニケーションの強制や不安を加速させたと言えるだろう。

4　ケータイ・メールへの「二重の批判」

　新たなメディアが登場し，コミュニケーション形態に変容が生じると従来のコミュニケーションのあり方から批判が行われるということは古くから繰り返されてきた。もちろんケータイに関しても例外ではない。ケータイでのメール・コミュニケーションに関して見てみると「二重の批判」を受けていると言える。すなわち，手紙などの既存の「文字の文化」からの批判と，対面や通話など話し言葉を中心にした「声の文化」からの批判である。

「声の文化」「文字の文化」からの批判

　ケータイ・メールは従来の手紙などと比較した場合，軽い，あるいは適当に書いているというイメージがつきまとう。実際，2009年に行われた文化庁の「国語に関する世論調査」によると，言葉遣いについて「手紙などに用いているよりもくだけた表現」を使うと答えた人はパソコン・ワープロ利用者では34.3％であったのに対し，携帯電話利用者では72.3％であった。また「手紙などに用いている表現と同様の表現」を使うと答えたパソコン・ワープロ利用者は50.8％，携帯電話利用者で23.0％であった。このようにケータイ・メールではパソコン・ワープロよりも，くだけた表現でコミュニケーションを取っていることがわかる。

　既存の文字文化において，（特に手書きによる）文字コミュニケーションには本来，伝えたい情報やメッセージがあり，そこには書いた人の気持ちが込められているという意識が強い。その点，ケータ

イ・メールは事務的な連絡でもコンサマトリーなコミュニケーションでも短く，特にコンサマトリーなメールの文面はあまり意味がないと思われるものも多い。それに加え，ケータイ・メールに見られる絵文字や顔文字，デコメなどの装飾は本来，文字や文章のみで情報やメッセージを伝達しようとする既存の文字文化とは相容れないものと考えられている。

こうした摩擦は既存の文字文化だけではなく，PCメールとの間にも生じている。ケータイ・メールはPCメールと比較して，件名や名乗りが欠落していることが多いなどその慣習においてさまざまな違いがある。こうした背景には，現代社会においてPCメールはビジネスなどですでに正式なものとして市民権を得るようになったことが指摘できる。また，2000年以降は「魔法のiらんど」などのサイトにケータイから文章を投稿する「ケータイ小説」が流行した（→第3章）。「ケータイ小説」の作者は多くが一般のケータイ・ユーザーであり，ケータイによって文章を書き，投稿するというスタイルの特徴は改行の多さ，文章の短さ，会話文の多さなどケータイ・メールと共通している。書籍化したケータイ小説のヒットは，ケータイ小説は「文学」なのか，といった議論も巻き起こした。こうした摩擦もケータイ・メール文化に対する既存の文字の文化からの批判の一種と言えるだろう。

一方，「声の文化」からは，直接会って話さないと感情が伝わらない，信頼関係を築くことはできないという批判がなされる。こうした対面コミュニケーションを重視する「本来のコミュニケーション」からの批判は新しいメディア・テクノロジーに対する「メディア悪玉論」的な批判の一種だと言える（→Column ⑬）。さらに，対面コミュニケーションとの比較だけではなく，電話での通話と比較したかたちでの批判もある。たとえば，ケータイ・メールのやりと

りでは通話のように声の調子で様子がわからない，あるいは電話すれば数分で終わるようなことを長い時間をかけてメールでやり取りをしているのは無駄であるというものである。このように対面コミュニケーションとケータイという対立軸だけではなく，ケータイというメディアにおいて通話とメールという対立軸も生じるようになってきているのである。

「二次的な文字の文化」としてのケータイ・メール

　オングはメディア史を振り返りながら「文字の文化」と「声の文化」について考察し，中世から近代にかけて成立した「一次的な文字の文化」を基盤にした「二次的な声の文化」の存在を指摘した。すなわち，「二次的な声の文化」は書くことや印刷することなしには存在しえないものであり，そういった意味で「一次的な声の文化」とは一線を画している。オングは「二次的な声の文化」の例として電話，テレビ，ラジオなどを挙げている（オング 1991）。

　こうした構図を本章で見てきたケータイ・メールによるコミュニケーションに引きつけて考えてみよう。「二次的な声の文化」として電話が考えられるとするなら，「一次的な声の文化」は対面コミュニケーション，「一次的な文字の文化」は手紙などによるコミュニケーションと考えられる。そして，ケータイ・メールは「一次的な声の文化」「一次的な文字の文化」に加え，「二次的な声の文化」を前提としたうえで成立した「二次的な文字の文化」と位置づけることができるだろう（図4-1参照）。上で見たようなケータイ・メールに対する従来の文字文化からの批判，対面コミュニケーションからの批判，さらに通話からの批判もケータイ・メールが「二次的な声の文化」までを前提としながら成立している「二次的な文字の文化」であると考えると，より整理して見ることができるだろう。

図4-1 時代によるメディアの展開

時代区分	口承・手書き文字時代（中世以前）	印刷時代（中世～近代）	アナログ・メディア時代（19～20世紀）	デジタル・メディア時代（20～21世紀）
分類	一次的な声の文化	一次的な文字の文化	二次的な声の文化	二次的な文字の文化
対人コミュニケーションの具体例	対面	手紙	電話	ケータイ・メール

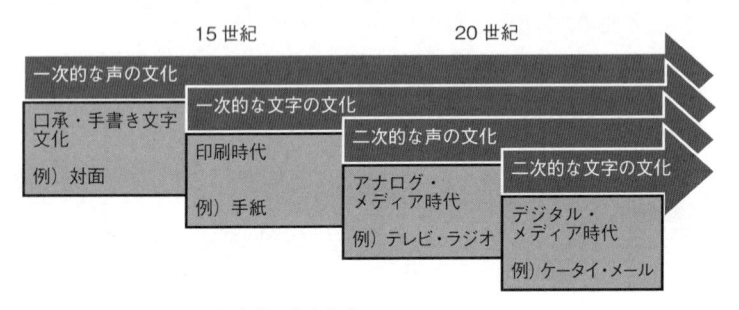

```
                    15世紀              20世紀
一次的な声の文化
              一次的な文字の文化
口承・手書き文字
文化                      二次的な声の文化
例）対面
              印刷時代           二次的な文字の文化
              例）手紙
                       アナログ・
                       メディア時代
                       例）テレビ・ラジオ
                                デジタル・
                                メディア時代
                                例）ケータイ・メール
```

（出所）オング1991を参考に筆者作成。

5　メール・コミュニケーションの今後

　スマートフォンの普及や，TwitterやFacebookなどのソーシャル・メディアの台頭も進んでいく中で，以上で見てきたようなケータイでのメール・コミュニケーションは今後，どのような発展を遂げていくのだろうか。

ケータイの画面における「サービスの多様化」

　2000年以降，ケータイでのインターネットの高速化など技術面の進展，パケット定額制などサービス面での整備が進んでいく中で

モバゲータウンなどケータイでのコミュニケーションサイトだけでなく，ミクシィ，GREEなどもともとPCでのSNS（ソーシャル・ネットワーキング・サービス）サイトであったもののモバイル化も見られるようになった。ほかにも「前略プロフィール」などプロフ（プロフィールサイト）や掲示板サイトも広まった。また2006年にサービスを開始したTwitter（ツイッター）は2008年には日本語版サービスを開始し，注目を集めた。Twitterは140字という制限がある中でのコミュニケーションであり，相手のメッセージを見る（フォローする），見られる（フォローされる）の自由度は高く，知らない相手のつぶやきを見る，あるいは自分のつぶやきへの反応を受けるというコミュニケーションも可能になっている。ドラマ『素直になれなくて』(2010年4〜6月) はTwitterで知り合った男女5人が実際に出会いながらストーリーが展開していくものであった。劇中ではスマートフォンやケータイからTwitterを使う場面が多く描写され，もはやTwitterは特別なものではないことがわかる。2010年に行われたMMD研究所の調査でもTwitterの利用に際してパソコンからが14.9%であったのに対し，ケータイからのみは47.8%，パソコン，ケータイ両方からは37.3%であり，Twitterもケータイからの利用が多くを占めている。

　このように現在はケータイ・コミュニケーションにおいて，メールだけではなく，SNS，掲示板，ブログなどさまざまな文字コミュニケーション・サービスが乱立する「サービスの多様化」が進んでいる。そして，ユーザーはそれらのサービスをケータイのひとつの画面の中で，相手やシチュエーションによって使い分けているのである。このような「サービスの多様化」とそれがケータイというメディアに集約され，ユーザーが使い分けているという状況は今後のケータイ・メールだけではなく，ケータイ・コミュニケーション全

体を考えていくうえで重要な視点となるだろう。

ケータイ・メール文化の「保守化」?

　ケータイ・メールが若者を中心に広がったのは通話料が高額であったというサービス上の問題が背景にあったと言えるだろう。しかし絵文字・顔文字の活用、写メール、デコメなど技術的な進展などにより表現の可能性が広がっていく中で、いつしかケータイ・メールは通話以上／以外の表現力を持つようになった。またケータイ・メールによるコミュニケーションにおいては、「いつでも送れる」という自由さが「いつでも送れるはず」「少しの時間でも送れるはず」というコミュニケーションの強制にもつながっていった。このようにケータイ・メールはケータイ通話によるコミュニケーションとは異なる快楽を生み出し、手紙でも電話でもないケータイ・メール独自の文化を生み出すに至ったのである。

　それでは今後、ケータイ・メール文化はどうなっていくのだろうか。先にも指摘した「サービスの多様化」が進んでいきさまざまなソーシャル・メディアがケータイで利用されるようになると、メッセージを気軽に「つぶやく」のはTwitterのようなサービスが中心となり、ケータイ・メールは手紙のように「格式ばったもの」へと変容していくかもしれない。またソーシャル・メディアでは多くの人に見られることを意識してメッセージを送るのに対して、ケータイ・メールはより「個人あるいは特定の人に」送るという意味合いが強くなるかも知れない。このようにケータイ・メールによるコミュニケーションの快楽は、新しいメディアが登場することによりこれまでと異なる新たな意味づけや位置づけがなされるだろう。新しいメディアが「古いメディア」になったとき、さらに新しいメディアに対して批判的になり、権威主義的になり、そして懐古主義にな

るといった構図はこれまでのメディア史の中で繰り返し見られてきた。そういった意味でケータイ・メール文化が「古いメディア」となり「保守化」していく可能性は十分にあると言えるだろう。

引用・参照文献

Benesse教育研究開発センター，2010「第2回子ども生活実態基本調査報告書」(http://benesse.jp/berd/center/open/report/kodomoseikatu_data/2009/index.html)

文化庁，2009「平成20年度国語に関する世論調査」(http://www.bunka.go.jp/kokugo_nihongo/yoronchousa/h20/kekka.html)

小林哲生・天野成昭・正高信男，2007『モバイル社会の現状と行方──利用実態にもとづく光と影』NTT出版

松田美佐，2000「若者の友人関係と携帯電話利用──関係希薄化論から選択的関係論へ」『社会情報学研究』4

松田美佐・岡部大介・伊藤瑞子編，2006『ケータイのある風景──テクノロジーの日常化を考える』北大路書房

宮田加久子，2005『きずなをつなぐメディア──ネット時代の社会関係資本』NTT出版

MMD研究所，2010「携帯端末からのTwitter利用に関する実態調査」(http://mmd.up-date.ne.jp/news/detail.php?news_id=476)

モバイル社会研究所，2009『世界の子どもとケータイ・コミュニケーション──5カ国比較調査』NTT出版

NTTドコモ，2007「『ベル友』ブームを巻き起こした『ポケットベル®(現クイックキャスト®)』の歴史」『NTTドコモレポート』No. 55 (http://www.nttdocomo.co.jp/binary/pdf/info/news_release/report/070313.pdf)

NTTドコモモバイル社会研究所編，2010『ケータイ社会白書2011』中央経済社

オング，W. J.，1991『声の文化と文字の文化』(櫻井直文・林正寛・糟谷啓介訳)藤原書店

読書ガイド

●土井隆義『友だち地獄――「空気を読む」世代のサバイバル』筑摩書房, 2008 年

若者たちの過剰にも見える友人関係について, メディアやコミュニケーションと関連づけながらその心理も交えて分析したもの。

●橋元良明ほか『ネオ・デジタルネイティブの誕生――日本独自の進化を遂げるネット世代』ダイヤモンド社, 2010 年

大規模定量調査から, 90 年代後半生まれを中心とするネオ・デジタルネイティブとそれ以前の世代とを比較し, 情報行動, コミュニケーションの変化について論じたもの。

●岩田考ほか編『若者たちのコミュニケーション・サバイバル――親密さのゆくえ』恒星社厚生閣, 2006 年

メディア環境の変化が若者のコミュニケーション, 友人関係にどのような影響を与えているのかについて分析したもの。

●オング, W. J.『声の文化と文字の文化』(櫻井直文・林正寛・糟谷啓介訳) 藤原書店, 1991 年

口承文化の時代から印刷文化の時代へ移行によって私たちの意識, 社会にどのような変化が生じているのかについて歴史的に論じたもの。

Column ⑦　文字コミュニケーションとケータイ

　NTTドコモが毎年開催している「iのあるメール大賞」で2011年にグランプリになったメールは「今日，修学旅行で東京に来た。首都高から偶然お前のビルが目に入って来た。ここでお前が働いているのかと思うと感動した。がんばって。」というものであった。これは地元で小学校の教師をしている父が修学旅行の引率で東京に来たときに，東京で働く娘に送ったメールである。ほかにも母から祖母へ息子の運動会の様子を伝えるメール，先輩から後輩へアドバイスを送ったメールなどが入賞作品として選ばれた。このようにケータイ・メールによるコミュニケーションは同じ世代間だけではなく，親と子ども，祖父母と孫といった家族から，上司と部下，教師と生徒のような社会的な関係などさまざまな世代間においてもなされており，そこでつながりを維持したり，親密性を示したりしているのである。

　またケータイ・メールの利用方法は親密性を示すコミュニケーションだけにとどまらない。第6章で家族や主婦たちのケータイ利用について触れているように，家事に忙しい主婦にとってケータイ，とりわけメールの利便性は高い。主婦たちにとってケータイ・メールは夫や子ども，主婦仲間とのコミュニケーションだけではなく，子育て情報の交換や学校の連絡網など情報伝達でも重要なツールとなっている。また高齢者のケータイ利用においてもメールは多く利用されているという。孫とのコミュニケーションだけに利用するのではなく，趣味サークルの連絡に利用するなど広がりを見せている。それ以外にも持病や自分の服用している薬の文字情報や写真情報を記録として残すといった用途にもメールは活用されている。こうした高齢者におけるケータイ・メール利用の広がりは閉じこもりや孤独死，認知症など高齢者に起きうるさまざまな問題に対しても有効であると期待されている。

　さらに年賀状のような儀礼的なコミュニケーションもケータイ・メールで済ませることが多くなってきた。郵便局による年賀状の取扱量は1997年の37億通をピークに下降線を描いているが，この背景にはケータイによる年賀状メールの増加がある。

　このようにケータイ・メールによるコミュニケーションは親密性の

提示,情報伝達,記録保持,儀礼的コミュニケーションなどさまざまな形で利用され,さまざまな世代を横に縦にと繋げているのである。

Column ⑧　メール利用と選択的人間関係

　通話と比べて文字によるコミュニケーションが「押しつけがましくない」こと――電話をかける側は好きなときにかけることができるが,かかってきた側はどんな状況でも応答せざるをえないという暴力的な面をもつのに比べると,文字によるコミュニケーションは,お互い好きなときにメッセージの読み書きができること――などから,若者の間でのポケベルやメールの流行を,若者の人間関係の特徴と関連づけた議論が多く見られた頃がある。1990年代後半のことだ。たとえば,「若者の友人関係は浅いので,相手に迷惑をかけないコミュニケーションが好まれる」「若者は友人との深いつながりを実感できないので,ケータイで始終連絡を取り合っている」といった議論である。

　かつて筆者は,こうした若者の人間関係希薄化論に対し,むしろ,通話を含めた若者の携帯電話の利用スタイルと選択的な人間関係が関連していることを指摘したうえで,選択的な人間関係が,はたして若者特有の現象であるのかを,都市社会学におけるパーソナル・ネットワーク研究を参照しながら検討した。そして,「全面的な深い人間関係」よりむしろ「選択的な人間関係」を望む傾向は,今日の若者に特有の現象ではなく,どの世代にもあてはまる現象であり,時代の経過やそれにともない進行した都市化といったより広い文脈で検討すべき現象であると主張した(松田 2000)。

　「選択的な人間関係」とは,何らかの興味や関心で結ばれた関係性であり,個人の意志によってその関係性をいつでも切ることができるものである。このような関係性は,拘束的で,しばしば制度化され組織化された関係との対比で,複数の研究者により名前を与えられ,検討されてきた。たとえば,上野千鶴子は「血縁」「地縁」「社縁」といった人間関係概念を「選べない縁」と特徴づけ,それに対してお互いに相手を選びあう自由で多元的な人間関係として「選択縁」という概念を提出している(上野 1994)。

表　人間関係による社会の分類

提唱者	非契約的社会		契約的社会		
	対面接触による人間関係				非対面接触の人間関係
テンニエス	ゲマインシャフト		ゲゼルシャフト		
マッキーバー	コミュニティ		アソシエーション		
クーリー	第一次集団		第二次集団		
米山	血縁	地縁	社縁		
上野	住縁		社縁	女縁（選択縁）	
藤田	血縁	地縁	社縁	趣味縁	
栗田・民博	血縁	地縁	社縁		情縁（情報縁）
奥野	第一の社会		第二の社会	第三の社会	

（出所）奥野 2000 の表に加筆したもの。

　さて，現在，通話よりメールがケータイ利用の中心となっているのは，若者だけではない。ケータイ利用が日常化するにつれて，他の年代でもメールをよく使う人が増えているし，日本以外の国や地域でもモバイル・メディアからのメール利用は増加している。また，若者たちの「5分ルール」のように（→第7章），文字コミュニケーションも暴力的に使われるケースも見られる。若者の人間関係だけでなく，メールでつながる人間関係一般について，再考が必要であろう。

引用・参照文献
松田美佐，2000「若者の友人関係と携帯電話利用 ── 関係希薄化論から選択的関係論へ」『社会情報学研究』4

奥野卓司，2000『第三の社会』岩波書店

上野千鶴子，1994『近代家族の成立と終焉』岩波書店

第5章

ケータイに映る「わたし」

(PANA 提供)

鏡をみるように、いや、それ以上に熱心にケータイの画面を覗き込む人々。そこに映るものは何だろうか。インターネットをする若者は、そこに世界があると考えているし、流れる情報をいつもキャッチし続けなければ、社会人として失格だと考える向きもある。しかし、ネットの検索情報は個人の興味関心に従うため、外部に広がる世界を映すのではなく、自己を映し出しているだろう。ケータイさえあれば、買い物もテレビ視聴も音楽鑑賞もコミュニケーションもできる。できないことは何もないかのように感じさせるには十分に多機能である。それゆえに、ケータイの利用を観察することで、人々の世界のとらえ方、自己意識、行動などが見えてくるともいえる。

1　メディアの特性になぞらえる「わたし」

　最近,「テレビっ子だ」と宣言し,テレビでみたことの感想などを話す中高年の姿をみかけた。いっぽうで,大学生がテレビの番組について話題にしている光景は,ほとんどみたことがない。年齢や世代によって,テレビ視聴の習慣というのは相当異なるらしい。

　たとえば,「テレビをよく見る人」はどんな人なのだろうか。一口に「テレビっ子」といっても,テレビというメディアが流している番組の種類は多々ある。「クイズ番組好きな人かどうか」や「ドラマ好きな人かどうか」といった質問であれば,少なくとも「テレビっ子」であるかどうかを聞くよりも,その人となりを聞けるのではないだろうか。

　しかし,ばくぜんと「テレビっ子」かどうかということが,その人となりを表していると直感できることもたしかである。あるメディアへの接触が,そういった趣味や価値観を表すというのは,どういうことなのだろうか「ある特定のメディアには,そのメディア自体の特性がある」という考え方がある。これにしたがえば,「ある特定のメディアによく接触する」という行為がその人の性格を表現するということもあるだろう。

ケータイの発するメッセージ

　M.マクルーハンは「メディアはメッセージ」と述べている(マクルーハン 1987)。このフレーズは,メディアが情報を媒介する機能を担っているというだけでなく,メディア特性それ自体が人の感覚に影響を及ぼすというものである。たとえば,同じ物語をテレビで視聴することと新聞で知ることは異なった印象をもたらす。メデ

ィアが媒介する意味内容や，メディアを使って人が何をしたのかということだけが問題ではなく，メディア自体が人間の感覚，ひいては社会構造自体に影響をおよぼすことを示唆している。

さらに，「すべてのメディアが人間の感覚の拡張である」とマクルーハンはいう。メディアとは，私たちの身体の一部を拡張する技術だという意味である。テレビを視聴することは，視覚や聴覚といった感覚を延長していると考えるのだ。たとえば，東日本大震災に実際に遭遇しなくとも，ほぼリアルタイムで津波があらゆるものを押し流す状況を見ることができ，地震と津波の恐怖を知ることができる。そして，このメディアで知らされたニュースの衝撃が世界中からの支援を引き起こしたことも事実である。

では，ケータイは人間の感覚にどんな影響をおよぼしているのか。「テレビっ子」に相当する言葉として，「ケータイ依存」があげられるだろう。ケータイを片時も手放せない心理状態を指す。ただし，ゲームをしているのか，メールを打っているのか，電話しているのか，その内実はさまざまである。ここまでの章でみたように，ケータイはマルチメディアであり，旧来のメディアとは明らかに一線を画する。もし，マクルーハンのフレーズをなぞって「ケータイはメッセージ」というならば，そのメッセージはどんな内容であるのだろうか。

そこで，この章では，ケータイからのメッセージ解読に挑戦してみたい。

2 ｜ 身体とケータイ

越えられない声

「ほら，ここからだとうちにはかけられないでしょ。東京と横浜

の間に山があるから」。山があるから私の声は届かない。私の声を乗せて運ぶ電波は，山を越える能力がないというのである。これは，1998年に巣鴨でお目にかかったご年配の女性から得られた語りである。ここで重要なことは，彼女がケータイについて知識がない，ということではない。「メディアによる身体の拡張」が意識された発言だということが重要なのだ。

「遠くのものが聞こえるようになったのは，電話という身体の拡張のおかげである」などといつも考えている人はいない。それでも，私たちの周りにある多くの道具は我々の身体的欲望を叶えるためにつくりだされたものである。はさみや包丁は，手でちぎるよりも楽に，綺麗にモノを切ることができる。自転車や自動車は，足で歩くよりも速く目的地に到着するために役立つし，何よりも身体的に楽である。電話機も例に漏れず身体を拡張するものである。

G. ジンメルによれば，人がモノを欲しがるのは，人とモノのあいだに距離があるからだという（ジンメル 1978‐1981）。欲望が距離によって，もしくは距離による障害によって発生するならば，身体拡張への欲望も理解しやすい。身体を拡張することで距離は縮まるからだ。そして，欲望が距離によって規定される以上，いつまでたっても欲望は絶えることがない。人とモノが融合することはなく，この距離は存在し続けるからだ。個々人が「思う（または念じる）」だけで，世界を動かすという発想はSFの世界でしかありえない。便利になればなるほど，新たな道具を生み出す欲望に転じ，欲望は増大していく。それが近代化の必須条件である科学技術を推進してきたともいえる。

私の身体は私のもの

筆者は1994年の冬，首都圏の大学生にインタビューを行った。

「あなたの身体はあなたのものですか？」というものである。約50名にたずねた結果，はっきりと「自分のものではない」と回答した大学生はたった1名だった。多くのひとは自分の体は自分のものだと感じている。

しかし，「私の身体が私のものである」という意識は，実は，最近100年間ほどで定着したものだといわれている。私の身体が私のものでなければどういったことが起こるのだろうか？　それは現代人の私たちには想像しにくい。しかし，19世紀のドイツの医師の日記をひもといたB. ドゥーデンによれば，その頃の身体は，宇宙や自然につながったものとして認識されていたという（ドゥーデン1994）。この日記には，医師のところへ，人々が身体の不調を訴えてきた内容の一部始終が記録されている。そこには，今の私たちの感覚とはまったくかけはなれた世界が展開されている。ここで，その一部である瀉血（血液を身体から抜き取るという治療法のひとつ）や痛みの表現について紹介しよう。

今日，瀉血は，血圧の亢進や脳溢血の治療に応用するといった場合のみである。しかし，当時は激しい怒りを感じたときに有効な療法と認識されていた。というのも外部社会の悪いものは体内に開口部を通じて入ってくることができ，それは体内を移動することができると考えられていたからだ。悪いものが口から侵入し，口が痛み，それが移動して頭痛をおこし，さらにそれが耳に移動し耳が痛むといった具合だ。だから，その「悪いもの（ここでは怒り）」を瀉血で体外に放出することで治療となる，と考えられていたのだ。

こういった感覚を過去の人々の医学的無知のゆえとするならば，私たちは歴史を読み誤ってしまうこととなる。身体は科学的なひとつの真実としてあるのではなく，時代や文化によってつくりあげられているものであるからだ。

先程のドゥーデンの分析にもあるように，19世紀の身体は「自身のもの」として認識されているのではなく，宇宙や社会の一部としてとらえられているのである。痛みや不快感は，社会に起こった事件が自身の身体に影響を与えている，反対に自身の身体で起こったことは社会の出来事に影響を与える，と考えられていた。「悪いもの」は身体から放出され，社会や宇宙にも移動するというわけだ。

　現代の身体は，この過去の身体に比べ，「宇宙や社会と切り離されたもの」「私の自由にしていいもの」「私が管理するもの」として意識されている。たとえば，痛みや不快感は自身の行動の帰結としてとらえている。よって，現代では自分自身の身体をどのように扱うかが問題となって立ち現れる。たとえば，風邪をひいたときに「自己管理ができていない」と言われたことはないだろうか。栄養が偏った食事や薄着，睡眠不足といったものが風邪の原因と多くの現代人は考える。この問題系の中に身体拡張のメディア，ケータイを位置づけてみるとどのようなことがいえるだろうか。

3　私の作品，【わたし】

ケータイをもつ「わたし」

　「もうケータイやめたい」という感想をいまだに聞くことがある。仕事やプライベートで欠かせないとわかっていても，ケータイに縛られている感じがして不快だという。かくいう筆者も，電気やガス，水道もないアフリカの砂漠地帯で調査しているとき，日本から電話がかかってくると，目の前の現実と電話の向こうの現実との格差にめまいがするほどだ。たしかに，「あなたは私をいつでも捕まえられるのよ」というメッセージをケータイは発している。これは，他者に対して「私の親しみやすさ」をアピールする有効な手段である。

図5-1 大雪を記念して撮影中

ケータイというもう1つの「耳」をもっている人間は、仲間から歓迎される。それは、「ケータイをもつ私」が、仲間の声をいつでも聞くことのできる「耳」をもっているという意味である。この「耳」は、【わたし】が他者に対して親しみのある人間でいられるための資格証なのである。

この「耳」は、自身の自発的な行為（＝電話契約）によって取得することができる身体である。この「耳」をもとうという意志こそ、【わたし】なのである。なぜ、【わたし】はこのような意志をもつのだろうか。どのような理由で、人はケータイに夢中になるのだろうか。

ねむらぬテレフォン

メディアによる苦しみを題材とした『ねむらぬテレフォン』（山本 2000）という短編小説がある。現代の物語というには少し古い小

説だが、ケータイ依存について考えるヒントになるので、ここでとりあげたい。主人公の「私」は不眠症に悩まされている。「私」には優しくて仕事に忙しい恋人がおり、一緒に暮らす優しい父母と兄がいる。ここでの不眠症は、なかなか寝つけないという類のものではなく、一度寝てもすぐに目が覚めてしまい、それからは眠ることができないというものである。「私」は、忙しい恋人からのケータイへのコールを待つために、会社の後、自宅に帰らず喫茶店やデパートを転々とする。ケータイへかかってくるわけであるから帰宅すればいいのかもしれない。しかし一度帰宅した女性が、夜の電話で呼び出され外出することは同居する家族に気兼ねがあるから、帰るわけにはいかない。恋人も家族と同居していることから、彼の家に行くこともできないでいる。さらに、スケジュールの確定しない恋人であるがゆえに、電話がかかってくる約束をとりつけているわけでもない。「かかってくるかもしれない」というだけで「私」は待つ労力をはらうのである。ある日、恋人の「一人暮らしをしろよ」という言葉を契機に「私」はケータイを（それとともに、恋人も）捨ててしまう。そして、不眠症の快方への予感を残して物語が終わる。

この物語はケータイが、その向こうにいる恋人を表象していることを如実に示している。

メディア・アディクション

『ねむらぬテレフォン』の物語は、今であれば、ケータイのメモリーから恋人の連絡先を消去して物語が終わることだろう。それにしても、この物語の説得力はいまだに十分にありうる。それは、近代の病であるアディクションと密接な連関をもっているからだ。

アディクションとは、日本語で嗜癖と訳される。一般的には中毒、依存症という言葉があてられることも多い。臨床医療の場面で用い

られることが多い言葉である。アディクションの中で有名なものは，アルコール依存症や麻薬依存症がある。依存症ではない人がアルコールや麻薬に手を出す場合，その先にある何らかの幸福もしくは快感の獲得を目的としている。ところが，アディクションというものは，まったく反対の動機で起こしてしまう行動を指している。その動機とは，手を出さなければ不幸，もしくは不快感にさいなまれるというものである。アルコールを飲まなければ苦しい，麻薬を使用しなければ不幸，といった感覚が嗜癖者にはいつもついてまわる。

　そのうえ，実際にはその行為中も苦しみが続く。「苦しくてもやめられない」「してもしなくても苦しい」，つまりアディクションとは，何かに耽溺することによって苦しみから逃れようとしつつ，結局逃れられず同じ行動を繰り返すことなのである。おもしろいことに，メディアはその耽溺の対象になりやすいが，お酒や麻薬に比べて医学的治療の問題として浮上してこない性格をもっているようである。

　メディアはその名のとおり，情報を「媒介」するものである。情報社会といわれる現在，小さなケータイやインターネットの端末の彼岸には，膨大な情報の山の中にお宝が眠っているように感じてしまう人がいてもおかしくないだろう。データベースというるつぼにアクセスし，情報を元手に一攫千金も夢でないと。そこまでいかなくとも，周りが当然知っていることを知らないことは，人を不安にさせるようである。「自分より先に誰かがすでに見つけてしまっているかもしれない」「他の人が知っていて自分だけが知らないかもしれない」という強迫観念に人は知らないうちに追い込まれているのかもしれない。だから，電車やバスの中で，小さな端末のキーを打つ人々が日常の風景と化しているのだろう。小さな端末から流れてくる実際の情報は，ニュースや天気予報をはじめとして，知り合

いのうわさ話や友だちや恋人の様子といったところであろう。これはアルコールや麻薬，食，セックスといったものへの嗜癖と比べて害が少ないようにみえる。体をこわすこともなく，他者に決定的な迷惑をかけるわけでもなく目をしばつかせながら，小さな液晶の窓を何かいいことがないかとサーチする。しかし本当に，我々はこの労力を払うことで何か楽しみや幸福を獲得しているのだろうか。

　これは，ケータイのメディア・アディクションがそれ以外の依存対象に比べて，より人間関係に焦点化されたアディクションの側面をもっていることを意味している。『ねむらぬテレフォン』の主人公の場合，深刻な不眠症という問題が発生してしまっているが，これに似たようなことは日常生活でも多々起こる。

　たとえば，子どもにとってケータイは，親の監視を逃れて交友関係を形成するための道具である。こういった親密性の選択可能性を制限されており，その制限からの自由を願う人間にとって，ケータイは解放の道具となりうる。ところが，メディアは人間関係を映す鏡であるがゆえに，親密性にゆらぎがみえはじめると途端に苦しみを表象するものにも変化してしまう。かかってこない電話は，そのまま【わたし】の人格への否定と感じられたり，電話のそばを一瞬でも離れることによって，親密な相手とのコミュニケーションの千載一遇のチャンスを逃すことになるかもしれないという強迫観念に怯えたりすることになる。Twitterやミクシィなどのソーシャル・メディアへの依存も同様の説明が可能だろう。Twitterで自分に対する評価を読んでイヤな気持ちになったり，ミクシィの足あとをみて嬉しくなったり，ということは日常茶飯事だろう。電話が存在するから苦しいのではなく，人間関係がうまくいってないから（もしくは，うまくいっていないと思えるから）苦しいはずであるのに，小説の主人公のように相手に一縷(いちる)の望みをかけて苦しみを長引かせてし

まう人は,存外多いのかもしれない。このような事例から,ケータイが自我形成のコミュニケーションにおいて大きな意味をもっていることがわかる。

C.H. クーリーは,自分の行動が他人の反応を引き起こし,自身がどのような意識をもつかによって,自我が形成されると考えた（クーリー 1970）。私たちは,他者という鏡に映し出された自分を見ながら日常生活を送っている。これを「鏡に映った自己」という。誰かによって意味づけられ,承認されはじめて【わたし】がある,という意味である。

この鏡をケータイに置き換えて考えてみよう。ケータイを使用することで他者の評価を客観的に測定することもある程度可能になってくる。どんな人がどんなときにどのくらいの頻度で【わたし】のケータイに電話をかけてきたか,という客観的な測定値は所属する集団の中における【わたし】の他者評価を反映する。また,ソーシャル・メディアを通じて自身の評価を遂時チェックすることもこの文脈にまったくあてはまる。

このような【わたし】とその所属集団,そして2つをつなぐメディアであるケータイは,どのような社会学的説明が可能なのだろうか。

4 ケータイの文化的空間

再帰性と空間の拡大

順当に考えてみれば,『ねむらぬテレフォン』の主人公がケータイを捨てていなかったら,偶然,恋人と円滑なコミュニケーションが行われ,変わらずに仲良く交際を続けていたかもしれない。しかし,メディアが駆動する関係性の変容は,高速になるばかりである。

ゆっくり考えて決断するなどと悠長な状況ではない。この問題を解く鍵は，高度近代社会の特性である**再帰性**（reflexivity）にある。

イギリスの社会学者 A. ギデンズは，人間はすべて「行為の再帰的モニタリング」を行っていると述べている（ギデンズ 1993）。これは「やってきたことの反省」と言ってもよいだろう。「友だちとごはんしたとき，お茶入れてもらったのにお礼言わなかったな」とか，「誕生日プレゼントあげたとき，あまり嬉しそうじゃなかったから別のものがよかったのかな」とかいった，いわゆる反省である。そしてこの反省は次の行為に必ず影響を与える。

ケータイというメディアが登場してからというもの，この「反省」から次の行為までのスピードがはやまった。その場ですぐにメールをする，電話をするという行為が可能となったのだ。ケータイで連絡をとったことで，より親密になったら，反省していたはずのことが好要因となるかもしれない。ケータイはこの「再帰」するスピードを加速させていくメディアである。

前近代の社会では，場所（place）と空間が一致していれば，この反省後の行為はゆっくりとおとずれるはずであった。ところが，近代の出現は「目の前にはいない他者」との関係を促進することで，場所と空間を無理矢理引き離していったのである。たとえば，電車によってこれまで3日かかってたどりつける旅程を1日ですませてしまえるようになった。この感覚が常態となることによって，社会的生活を送る際の移動範囲の想定と物理的に存在している場所の範囲は引き離される。電車によって2日分の時間的ゆとりが生まれる。このことにより，空間と時間は無限の拡がりをもつのである。

物理的な場所に固定された空間であれば，時間はその場所を基準に単線的に重ねられ，空間は場所の広さ以上の拡がりをもつことはない。ところが，場所に固定されない空間は，インターネットの世

界などが良い例であるように、果てしなく膨張していく。そういった膨張していく空間における行為のあり方は、場所に固定された空間のそれとは異なったものとなってくるのである。そこで、人間関係や社会関係の再秩序化が起こる。

　ここで、電話はまさに場所と空間との引き離しに貢献した。そして、この再秩序化に関してもさまざまな研究が行われてきた。伝言ダイヤル、ダイヤルQ^2の分析から、新しい空間における儀礼の中で時間を告げることにみられるような、その参加者が秩序をつけていく様や、電話でのナンパにおけるテクニックなどが報告されている（岡田 1993; 富田 1994）。

　ギデンズが指摘したように、後期近代は、いつも、ある社会的な営みをモニタリングした結果を次の営みに生かすように働いており、その結果、営み自体の特性がどんどん変容していくという再帰性の加速を特徴としている（ギデンズ 1993）。その変容のスピードの中では、個人が自分自身の生き方や人間関係を選択し、責任を自身で負うように社会的に規定されている。つまり、自分自身の生きる空間を創出するのは個人であり、伝統や習慣ではない。ここで、ケータイは現代人の必須アイテムとして後期近代に適合的な道具として利用されている。

つくりなおさなくてはならない【わたし】

　現代が「再帰」スピードの加速で語られるとき、【わたし】は一体どのような自己の状況を迎えているといえるのだろうか。現代社会は、先ほども述べたように場所と空間の分離によって、自分自身で自分自身のもっとも居心地のよいところへ移動が可能な社会である。これは、旧来の社会に特徴的だった伝統や慣習に頼ることなしに生きていくことができる社会だということだ。この場合、自分自

身の生きる意味や価値などは，伝統や慣習に与えられるわけではなく，積極的にみずから創出していかなければならない。なぜなら，自分自身が選び取った環境は，移動範囲の拡大にともなって，その都度その都度変容していく環境であり，その変容した環境に適応するために，自分自身をその都度その都度つくりなおさなくてはならないからである。つくりなおされた新しい【わたし】が参加しているその環境は，新しい【わたし】の影響を受けてまた変容する。こんな循環は，【わたし】にとって落ち着かない，苦しい状況である。なぜなら，第3節で触れたアディクションは，こういった状況において起こる問題であるからだ（ギデンズ 1995）。

　ケータイはこの【わたし】つくりなおしプロジェクトの情報収集に役立つ。なぜなら，ケータイを所有するだけで，フルタイムで【わたし】を評価してくれる仲間たちとつながっていられるからである。さらにケータイそのものが，仲間からの評価を表示するからである。つまり，ケータイをもっているだけで，いつ仲間たちが集うことになっても呼んでもらえる可能性があるし，仲間の動向を確認することができる。たとえ，仲間から呼んでもらえなかったとしても，「その集いに必要のない人間としての自分」を情報として知ることができる。その情報を元手に，魅力のある【わたし】になれるように努力することができるような気にさせるのだ。ところが，努力が実り仲間との関係がうまくいったからといって，その状態が長く続くとは限らない。その仲間集団に参入している構成員の自分が変化したことにより，その集団自体も変化することから，ケータイを手放すことはできないのである。

　【わたし】は，このようにいつも決まった性格の人間でいるとは限らない。特に，最近の若者の自己意識に関する調査結果などをみると，【わたし】は付き合う相手や状況によっていろいろと異なる

面をみせ,さらにそれが一貫しているというわけでもないようである(浅野 2006)。若者がケータイ普及の先陣をきったことを考え合わせるならば,ケータイから発されるメッセージは,つぎのようなものであるかもしれない。

「より迅速に,より好かれる人間に【わたし】をつくりなおしなさい」

引用・参照文献

Aronson, S. H., 1971, "The Sociology of the Telephone, "*International Journal of Comparative Sociology*, 12 (3)

浅野智彦,2006「若者の現在」浅野智彦編『検証・若者の変貌――失われた10年の後に』勁草書房

クーリー,C. H., 1970『社会組織論――拡大する意識の研究』(大橋幸ほか訳)青木書店

ドゥーデン,B., 1994『女の皮膚の下――18世紀のある医師とその患者たち』(井上茂子訳)藤原書店

ギデンズ,A., 1993『近代とはいかなる時代か?――モダニティの帰結』(松尾精文・小幡正敏訳)而立書房

ギデンズ,A., 1995『親密性の変容――近代社会におけるセクシュアリティ,愛情,エロティシズム』(松尾精文・松川昭子訳)而立書房

ガンパート,G., 1990『メディアの時代』(石丸正訳)新潮社

石川准,1999『人はなぜ認められたいのか――アイデンティティ依存の社会学』旬報社

マクルーハン,M., 1987『メディア論――人間の拡張の諸相』(栗原裕・河本仲聖訳)みすず書房

メイロウィッツ,J., 2003『場所感の喪失・上』(安川一ほか訳)新曜社

岡田朋之,1993「伝言ダイヤルという疑似空間」川浦康至編『現代のエスプリ:特集メディアコミュニケーション』306号

大澤真幸,1995『電子メディア論――身体のメディア的変容』新曜

社

ジンメル, G., 1978-1981『貨幣の哲学』上・下（元浜清海ほか訳）白水社

富田英典, 1994『声のオデッセイ——ダイヤル Q^2 の世界 電話文化の社会学』恒星社厚生閣

Webber, M. M., 1964, "The Urban Place and the Nonplace Urban Realm, "Webber, M. M. et al., *Explorations into Urban Structure*, University of Pennsylvania Press.

山本文緒, 2000『シュガーレス・ラヴ』集英社文庫

吉見俊哉・若林幹夫・水越伸, 1992『メディアとしての電話』弘文堂

読書ガイド

● ギデンズ, A.『親密性の変容——近代社会におけるセクシュアリティ, 愛情, エロティシズム』（松尾精文・松川昭子訳）而立書房, 1995 年

前近代, 前期近代と後期近代とを比較し, 親密性が権力的な関係から対等な関係へと変容することで起こる, 現代的な現象を明快に説明している。

● 浅野智彦『自己への物語論的接近——家族療法から社会学へ』勁草書房, 2001 年

社会学の自己論が簡潔に整理されている。現代的自己について考えるための必読書。

Column ⑨　メールやネットでつながる人間関係をとらえるために

　ここでは，メールやネットでつながる人間関係をとらえる際に参考となる代表的な議論を紹介しよう。

　まずは，グラノヴェター（2006）の「弱い紐帯」に関する議論である。この議論は，通常，関心を集めることが多い，心理的・物理的なサポートが得やすい「強い紐帯」ではなく，社会集団間のつながりや集団をこえた情報の伝達に貢献する「弱い紐帯」の役割に焦点をあて，論証したものとして評価が高い。宮田ら（2006）の調査によれば，ケータイ・メールは親しい友達や家族との間で交わされるのに対し，PCメールは近くの人だけでなく，遠くの人ともやりとりされる。そして，ケータイ・メールを多く送る人は，サポートをもらえるようなつながりが多く，PCメールを多く送る人は広く多様性に富んだ社会的ネットワークをもっている，という。グラノヴェターの議論にのっとるならば，ケータイ・メールは「強い紐帯」，PCメールは「弱い紐帯」の維持に役立っていると考えられるのだ。

　次に紹介するのは「情報縁」である。これは，電子メディアを介して出会い，つきあいが維持されていくような関係性を，従来から存在した血縁や地縁と対比させて把握しようとする議論だ。このような関係性が注目されるようになったのは，1980年代後半に流行したパソコン通信において，同じテーマに関心をもつ見知らぬもの同士が，電子会議室で情報交換したり，議論を行ったりしていたことによる（川上ほか 1993）。第2章で紹介した「ベル友」も「情報縁」の1つであるし，第8章のインティメイト・ストレンジャー論も関連する議論だ。既存の友人関係を登録したうえで利用するSNSでの出会いは，同じく電子メディアを介して行われるものの，友達から友達への関係性を広げていくことが多い。従来の「情報縁」との違いを考えてみるとおもしろいだろう。

　最後に，「社会関係資本」を挙げておこう。社会関係資本とは，人々の信頼関係や市民的参加のネットワークなど社会全体の人間関係の豊かさを指す言葉である。パットナム（2006）は，民主主義制度に不可欠であるこの社会関係資本が，アメリカ社会において低下してい

ることをさまざまなデータから明らかにしている。この社会関係資本がインターネット利用とどのように関係しているか，インターネットが従来とは異なる人と人とのつながりを生み出しているだけに，関心を集めている。

引用・参照文献

グラノヴェター，M.S., 2006「弱い紐帯の強さ」野沢慎司編・監訳『リーディングス ネットワーク論』勁草書房

川上善郎ほか，1993『電子ネットワーキングの社会心理――コンピュータ・コミュニケーションへのパスポート』 誠信書房

宮田加久子ほか，2006「モバイル化する日本人」松田美佐・岡部大介・伊藤瑞子編『ケータイのある風景――テクノロジーの日常化を考える』北大路書房

パットナム，R., 2006『孤独なボウリング――米国コミュニティの崩壊と再生』（柴内康文訳）柏書房

Column ⑩ 社会的自我

人間の基本的な問いのひとつである「わたしとは何か」は，哲学を中心として古くから探求されてきた。比較的歴史の浅い社会学において，自我とは次のように説明される。哲学的にもっとも有名な命題であるデカルトの「われ思うゆえにわれあり」という認識に対して，「われわれ思うゆえにわれあり」という「社会」先行が社会学的通説とされている。

デュルケムが指摘したように，社会の起源を考えてみるならば，社会発生のもっとも最初に人間が複数存在すると仮定しなければ，人間存在に説明がつけられない。したがって，起源そのものはわからないが，個人に対して社会が先行するという思考が妥当だとデュルケムは結論づけている。そして，自我も孤立してあるわけではなく，必ず他者との関わりの中で自我が存在しているのだ。

この考え方は，主に，C. H. クーリーと G. H. ミードによって，論考が深められている。自分の姿は自分自身では見ることができない。しかし鏡に映すことによって見ることができる。それと同じように他者という鏡を使えば，自我を認識することができるのだとクーリーは考

えたのである。これを「鏡に映った自己（looking-glass self）」という。

　これをふまえミードは自我を理解するためには一度自分で他者になってみないとわからないのだと考え，「いかなる自我も社会的自我である」といった。さらに「意味のある他者（significant other）」が社会的自我の生成に関わっているとしている。たとえば子どもの社会化においては，両親や兄弟，教師，遊び仲間の存在を挙げることができる。子どもはまず，このような他者の役割取得（role taking）を行い，つぎに他者が自分に向かって行為するように，自分が自身に向かって行為することによって，初めて自我になるとしている。

　こういった他者は1人ではなく複数存在する。この複数の他者の自己に対する期待は，同一のものとは限らない。さまざまな期待をまとめ，組織だって意識するのは，ほかでもない自分自身である。この自分自身のなかにある期待する他者を「一般化された他者（generalized other）」という。実は，よく耳にする「みんなは～と思っている」という「みんな」はこれにあたる。この意識された他者は，自己が想定している社会の意識であると考えられている。

　この社会意識は現代ではメディアを鏡として形成される。特にケータイは公的な社会のみならず，親密な人間関係を反映するため，自我形成と密接に関わっていると考えられる。

第6章

ケータイと家族

今や「家族をする」ことにケータイは欠かせない

introduction

　全国的な調査によれば，一番大切なものとして「家族」を挙げる人の割合は，ケータイが普及を始めた以後も，継続して増え続けている。しかし，マスコミでは，ケータイをはじめとする通信メディアの普及が「家族の崩壊」を引き起こしているという論調が強い。一見して矛盾して見えるこの2つの現象はどのように説明できるのであろうか。本章では，ケータイの普及と家族形態の変化との関係について「愛情・親密性」をキーワードに考えてみよう。

1 ケータイの普及と家族関係

「家族」を求める現代人

あなたにとって「家族」とは、どんな存在だろうか。かけがえのないものだと答える人もいれば、レンタルファミリー（砂本 1994; 山村 1995）で充分と言う人もいるだろう。それくらい、家族の存在は、現代人にとって多様な意味をもち、その形態も多様である。しかし、全国的な調査から、その価値についての全体的な傾向を見てみると、この40年間ほどほぼ継続して「家族を一番大切だ」と思う人の割合は伸び続けてきた。統計数理研究所が1953年から行っている国民性の調査において、家族が一番大切だと答えた回答者の割合は、1968年の調査では13％だったものが、1983年には31％、1993年には42％、最新の2008年の調査でも46％とその上昇の幅は近年になり鈍化しつつも伸び続けている（統計数理研究所 2009）。

家族の「敵」としてのケータイ

一方で、マスコミは急激に普及したケータイを、その大切な家族を壊す「敵」として描いてきた。「子どもたちがケータイを持つと、自室に籠ってメールやネットに夢中になり、親子の会話が薄れてしまう」といった「ケータイ悪玉論（→Column ⑬）」は、特にケータイの普及がもっとも進んだ1990年代半ばから2000年代半ばにかけて、盛んに新聞の紙面やテレビを賑わせてきた。

こうした、メディア普及がもたらす社会への悪影響については、マスメディアだけでなく学術的研究においてもたびたび指摘されている。たとえば、ケータイの話ではないのだが、パットナム（2006）のテレビの普及による市民参加の衰退に関する議論は有名

図6-1 ケータイの家族への悪影響を論じていた新聞や雑誌

だ。彼は、アメリカの社会・民主主義を支えてきた市民同士のつながり・市民参加が、テレビによる余暇時間の個人化によって衰退したと主張した。また、クラウトら (Kraut et al.1998) は、インターネットの積極的な利用は、物理的・社会的に「近くにいない人々」との関係を強化する一方で、「近くにいる」人々すなわち家族や近隣の人々との人間関係を希薄化させることを、実証的研究から報告している。この2つの研究の報告に基づくなら、テレビと同様に個人での時間の消費を促し、インターネットと同様に「近くにいない人々」との接触を容易にするケータイは、家族との関係を希薄にしてしまう可能性をもつことは必然のように思えてしまう。

しかし、本当にケータイは、家族の「敵」だと言えるのであろうか。技術決定論（→ Column ①）を否定する立場に立つのなら、家族の希薄化には、ケータイの特性だけでなく、家族の側にも何かしらの「素地」があったと考えるのが自然であろう。そもそも、ケータイが普及した1990年代から2000年代にかけても、家族を大切に思う傾向は、減少するどころか、増える傾向を見せている。これで

1 ケータイの普及と家族関係

は，「家族関係の希薄化」が起こっていることすら疑わしい。以上の疑問に答えるため，まずは，近年の日本社会における家族のあり方そのものの変化について，代表的な議論を整理してみよう。

2 ┃ 「家族」の変化

家族について考える際，それはあまりに身近なものすぎて，自らの経験や社会的規範から，私たちは，つい「あるべき家族」の姿を追いかけてしまう。しかし，歴史的にみれば，家族には正しく普遍的な形などはなく，時代背景や関連する制度の中で，一定の合意形成を経て構築される社会的な構成物であるといえる。この視点に基づいて，家族の近現代史を，簡単に順を追ってみてみよう。

家族の近現代史

一般的に，家族はこの一世紀あまりの間にどんどん「小さく」なったと言われている。農林水産業や家内制手工業など，家族・家庭が生産の拠点だった時代，家族は現在のような親子を中心としたマンパワーの少ない核家族中心ではなく，きょうだいや地域コミュニティまで含むような生産性の高い拡大家族が中心であった。それが都市化の進展に合わせて，工場など生産拠点が家庭の外で集約されるようになり，家族は基本的な生活と愛情や子育て，介護といったケアなどの感情的な機能を残して縮小していった。さらに家庭の外部で稼いだ金銭を媒介にしてサービス産業が発達し，家庭内で行われていた基本的な生活を送るための衣食住のサービスも家庭外で行われるようになった。W. オグバーンや T. パーソンズは，こうした家族の縮小の過程を，家庭に残った家族の感情的機能の強化の過程としてもとらえている。

こうした感情・愛情面を家庭で司っていたのは主に女性である。家庭には，愛情と一緒にその提供者としての女性が残される結果となった。この愛情と「男は外で仕事・女は家で家事と育児」という**性役割分業**に基づく家族は，「家族の戦後モデル」と呼ばれ，安定的な労働力の供給により高度経済成長を実現する原動力となった。しかし，1990年代からの経済の停滞によりこのモデルも機能不全を起こし，あたりまえのものではなくなりつつある（山田 2005）。

愛情・親密性の変容

　こうした近年の家族を取り巻く環境の変化の中で，それを支えてきた「愛情」にも変化が生まれつつある。この変化をいち早く指摘したのが，ギデンズ（1995）である。ギデンズは，男女間の愛情・親密さは，情熱恋愛からロマンティック・ラブへ，そして一つに溶け合う愛情へと変化してきたと述べている。

　「情熱恋愛」とは中世貴族たちの嗜みとしての恋愛における親密性・愛情の形を指している。貴族たちにとって，恋愛や愛情は日常からの逃避のゲームであり，それが達成されたとしても失われたとしても，日常そのものは変わりえないものであった。

　それが近現代社会，日本においては「戦後の家族モデル」の時代になり，夫婦・家族をつなぐ「絆」としての愛情や親密性が強調されるようになると，愛情の社会的意味は変容した。社会的に1対1を前提とする夫婦関係をつなぐ絆としての愛情は，性欲という身体的な欲望の追求と道徳的な潔白・高潔さの保持という一見矛盾する要素を包含することになる。その得がたいものを実現するのが愛情であり，それを相手に見いだすことはその異性が自分の人生にとって「特別な存在」であることを自覚することにつながる。ゆえに，特に女性にとって，愛情の発見は，結婚という人生の転機への自覚

と認識，男性が導いてくれる自らの明るい未来への確信となった。ギデンズは，このような愛情・親密性を「ロマンティック・ラブ」と呼び，閉鎖的な血縁・地縁社会から女性が解放されたことにより，自由な感情をもとに行動することが可能になった結果であると指摘した。しかし，同時に，ロマンティック・ラブは，女性を排他的な家庭に縛りつけ，家族の愛情による統合や子育てなどのケアを，女性が一手に引き受ける動機になっているとも述べている。

コミュニケーションによって維持される家族

このような家族・家庭への呪縛から，女性たちを解放する鍵となる概念としてギデンズが考えたのが「一つに溶け合う愛情」である。男性への過度な期待と外部の社会システムに依存するロマンティック・ラブは，現代社会において持続的な愛情の形ではないと考えたギデンズは，愛情の源泉を「純粋な関係性」の中に見いだした。すなわち，外部のシステムから独立した，対等で純粋な関係性を，互いの利益や感情の観点から，継続的に確認し続けることによって，現代における愛情は生まれ，維持されると考えたのである。

ロマンティック・ラブは，道徳や規範により外部システムから「永遠」が保証された（ように見える）愛情であった。しかし，一つに溶け合う愛情は，コミュニケーションの中で動的に構築・維持されるものであり，つねに，各自による行動と努力が必要となる（この論点については，Matsuda〔2005〕に詳しい）。

この「一つに溶け合う愛情」は，家族とその外部の関係にも大きな変化をもたらした。努力によって維持される愛情を前提とすると，極論を言えば，家族との関係性は，その中身と質において，家族外の知人との関係性と実は変わらなくなってしまうのだ。このような現象は，言い換えれば，家族の「個人化」（目黒 1987）としても語

る事ができる。現代に暮らす人々は，個人として独自の人間関係をもち，社会的活動を行いつつ，家族「にも」参加しているということだ。この考え方のもとでは，もはや境界の明確な「集団」としての家族は存在しない。家族は，個人がもつネットワークの一部になりつつある（吉田ほか 2005; 野沢 2009）。

3 メディアの普及と家族生活

こうした家族の変化と，多くのメディアの普及には強い相互関係があると言われている。この点について，まずはケータイ以前のメディアについて，普及した順を追って既存の議論を整理してみたい。

白物家電製品の普及と家事労働

狭義では「メディア」とは言えないかもしれないが，技術が家庭に普及し，家庭生活に影響を与えた事例としては，家電製品の普及研究が有名である。1920 年代からアメリカにおいて本格的に普及し始めた家電製品，特に洗濯機や冷蔵庫，掃除機などの俗にいう白物家電は，「家事の負担の軽減」をうたい，家庭への普及が進んだ技術である。しかし，結果的に白物家電の普及による家事労働の減少効果は限定的であり，部分的には逆効果であった（コーワン 2010）。アメリカで白物家電が普及した時代は，アメリカにおいて性役割分業とロマンティック・ラブに基づく家族形態が一般化した時期である。女性たちには愛情や自らの道徳心・規範を示す手段として，より質の高い家事労働が求められるようになっていた。このような環境の中で，家電製品の普及と利用で浮いた時間は，さらなる家事労働とその質の向上に充てられることになった。結果，育児や家事労働に求められる水準自体が高まり，家事労働が占有する時

間を減少させるには至らなかったと言われている (Wajcman 1991)。

固定電話の普及と性役割分業

このようにロマンティック・ラブを基盤とする性役割分業家族と結びつき,普及を果たしたメディアとしては,固定電話も挙げられる。フィッシャー (2000) はアメリカにおける固定電話の普及に際して,家庭を守る主婦たちが果たした役割の重要性を指摘している。主婦たちは,電話事業者側が想定していた,ビジネス用途や「まじめな目的」のためではなく,ご近所や自らの両親との世間話など「たわいもない目的」のため電話を利用し始めた。しかし,たわいもないがゆえに,こうした利用用途は,家庭の内部で退屈しがちな主婦たちにとって,非常に魅力的なものであり,電話が一般家庭に普及するきっかけとなったと言われている。そうして普及した電話は,主婦としての主要な仕事の1つである,家族メンバーの日常生活の管理と感情的なケアを容易にした。この利便性の向上により,主婦の家族のマネージャーとしての役割が強化され,同時に性役割分業とロマンティック・ラブによる家族形態がより強化されたと言われている。つまり,固定電話は,当時の家庭を守る主婦の役割と結びつき,互いの社会的立場を強化・再生産したと考えられるのだ。

テレビの普及と家庭内の力関係

ここまで見てきた白物家電や固定電話の普及に関する研究は,家事によって家庭の維持管理を行う女性の立場から,メディアの普及と受容について分析したものである。一方で,テレビの普及・受容研究には,家庭外で働く男性の立場から分析をしたものも多い。

その男性の立場から分析を行った代表的なものに,モーレー (Morley 1986) の調査と議論がある。彼は,観察やインタビューな

どの手法でテレビの視聴形態を調査し，番組の選択権をもち，集中してテレビを視聴している男性の姿と，家事をしながら家族の行動にも注意を払い，受動的にテレビを視聴している女性の姿を描き出した。さらにモーレーは，こうした姿の背景には，家庭内で男性がもつ権力（物事の決定権）と，それに従う女性の気遣いがあると考えた。つまり，テレビの視聴は，男性は家庭の大黒柱として外で仕事，女性は家で家庭と家族のケア，という性役割分業の形態と結びつき，それを再生産するような形で行われていると考えたのである。

　テレビは，家庭においてはただのテレビではない。家庭・家族の文化・文脈の中で「家庭化（ドメスティケーション）」(Silverstone et al. 1992) されて，独自の意味をもつメディアになるのである（→ Column ⑫）。

ケータイの普及と主婦性の強化

　一方で，ケータイの普及に関しても，性役割分業と結びつき，それを前提とする家族形態を強化する傾向があるという議論が行われている。ケータイの普及により，たとえ相手が家庭内にいなくても，母親は夫や子どもと容易に連絡を取り合うことが可能になった。小林ら (2007) の調査によれば，ケータイが家族の結束の強化に役立つと思っている程度は，すべての世代で女性が男性を上回っている。特に 12～18 歳のティーンエイジャーと，30 代では男女で有意な差がみられる。このデータからは，思春期からケータイを受容してきた 30 代，すなわちケータイ世代の女性がケータイを用いて家族の管理と維持に努めている様子と，それを受け入れている女性のティーンエイジャーの姿が読み取れる。また松田 (2002) が指摘した「番通選択（表示される電話番号を見て電話を取るか決める行為）」の結婚による変化（結婚後，女性が番通選択をする率が減少するという現象）

も，女性による家族の管理の結果だと考えられる。ロマンティック・ラブを基盤とする家族を築こうとする女性にとって，結婚は家族を中心とした選択できない人間関係・家族の管理者への移行を意味している。これにより女性は男性とは異なり，人間関係を選択する実践である「番通選択」をする割合が減少するのだと考えられる。

また，ケータイのメディアとしての特性が，主婦の活動と結びつきやすい要素をもっていると指摘する研究もある（土橋 2006）。主婦が行う家事労働は，洗濯と掃除を一緒にするなど家の中のさまざまな場所で同時並行的に行われている。このような状況の中で，固定電話やパソコンなどを落ち着いて利用するのは難しい。しかし，ポケットに忍ばせることができるケータイであれば，つねにメールが来ているかチェックし，家事の間にできるちょっとした空き時間に返事をしたり，ウェブを見たりすることもできる。主婦にとってケータイのモビリティ（移動，持ち運びのしやすさ）は，家の外ではなく中でこそ活用される。隙間の時間に活用されるというケータイの特性は，家事労働の分散的・同時並行的な傾向と親和性が高いと土橋は指摘している。

4　ケータイ・ファミリー

これまで，ケータイをはじめとする各種メディアが，ロマンティック・ラブに基づく性役割分業的な家族の中で，家庭化（ドメスティケーション）され，同様の家族形態が拡大再生産されてきた歴史を，先行研究から明らかにしてきた。これらの分析の視点においては，ケータイや他のメディアは，「旧来的な社会的文脈」の中に，そのまま取り込まれたことになる。しかし，本当にケータイはただ既存の家族の中に取り込まれただけなのであろうか。最後に，この

問題意識に基づき，家族とケータイとの関係を改めて見直してみたい。

戦後家族モデルの崩壊とケータイの普及

　先に述べたように，1990年代に入ってから性役割分業に基づく戦後家族モデルは，それ以前のような絶対的な存在ではなくなっている。これは，経済的な環境の変化によるところが大きいと考えられる一方で，メディアの普及が与えた影響も無視することはできない。

　メディアについて戦後家族モデルの変化・崩壊と合わせてよく議論されるのが，吉見ら（1992）が指摘した固定電話の形態の変化である。固定電話は，戦後家族モデルの成熟とともにその象徴として，玄関などの家の境界から，リビングなど家庭の中心に置かれるようになったと言われている。その固定電話が，家族の個人化の強まりの中で，今度は次第にその「コード」を伸ばし，家庭の中心から自由に距離を取れるようになっていった。このコードの延長の究極の形として語られるのが，コードレス電話である。1980年代末からのコードレス電話の普及によって，人々は自らの個室で，家族の外部とつながりうるようになった。つまり，家庭という家族の空間にいながら個人として活動することが可能になったのだ。こうしたコードレス電話とテレビの個室への設置は，家庭空間がもっていた「ロマンティックな家族」の拠り所としての意味を弱める結果につながり，ネットワークとしての家族の姿がより現実味を帯びるようになっていった。

　ケータイが本格的に普及を始めたのは，このコードレス電話の普及の直後，時期にして1990年代の半ば以降である。究極のコードレス電話とも言えるケータイであったが，その普及が，単純に家族

の個人化を推し進める結果につながったわけではない。

ケータイと「純粋な関係」による家族

　先の主婦性の強化のような議論を考慮すると，戦後家族モデルの減退期に普及したケータイは，まずは，戦後家族モデルの持続願望と結びつき，その維持に活用されるようになったとも考えられる。その意味において，ケータイは，従来的な性役割分業的な家族関係を再生・強化してきた。しかし，その前提となっているのは家族から自立・自律した個人の姿である。実は，ケータイで現在の母親が行う家族の管理は，ケータイのない時代と同じようでいて，質の異なるものだとは言えないだろうか。

　この点に関しては，斎藤（2005）が行った小学校の高学年の児童と中学校に通う生徒とその親に対する調査から，興味深い知見が読み取れる。斎藤は「ケータイを利用し始めた前後で，親子のコミュニケーションが増加したか」について質問紙調査を行った。そして，そのケータイの利用による親子関係の活性化が起こる割合が，親子関係に関する価値観によって異なるかについて検証している。その結果，ケータイの利用によって親子関係が活性化したと答えた回答者の割合は，「友人のような関係を目指す親子」（48.1%）のほうが，「そうでない親子」（16.3%）よりも，有意に多かった。ちなみに，ケータイの利用量自体は，両者の間にこれほどの差は見られない。この結果からは，従来的な固定的親子役割に基づく家族より，並列的な関係をもつネットワーク的な家族で，ケータイの利用がリアルなコミュニケーションにまで波及しやすいことが読み取れる。これは，見方を変えれば，友人のような親子関係を活性化させるうえで，ケータイの利用が大きな役割を果たす可能性を示している。一方で，従来的な役割関係に基づいた親子関係を活性化させるうえでは，ケ

ータイでのコミュニケーション実践は，必ずしも必要ではない。

　ケータイによって構築が支援される友人のような関係性に基づく家族関係は，先に述べたギデンズのいう「純粋な関係性」の概念とも一致する。すなわち，ケータイの普及は「純粋な関係性」に基づく「一つに溶け合う愛情」への愛情の社会的意味の変化と結びつき，その変化の速度を加速させているとも考えられるのである。ちなみに，斎藤の調査においては，友人のような関係が理想だと答えた親子は全体の 64.5％ で過半数を占めており，こうした親子関係は次第に一般化しつつあるとも考えられる。

　このような，ケータイが促す純粋な関係性に基づく家族のあり方は，家族とその外部との関係の中にも見いだすことができる。天笠（2010）は，現代家族の核となる「子育て」を実践するうえでの人間関係について調査を行った。その結果，家事専業の母親たちのより積極的なケータイの利用は，子育てを外部から支える知人の数を増加・多様化させ，より「負担の少ない」人間関係を導くことが明らかになった。従来的な，ロマンティック・ラブに基づく子育ては，家族と一体化した親族や地域の中で行われており，「公園デビュー」に代表されるような選択できない既存のコミュニティへの参加のプロセスが必要であった。一方で，ケータイなどの通信メディアを，主体的・積極的に活用することにより，こうした既存のコミュニティを超え，さまざまな関係性の人々が並列に結びつく純粋な関係性に基づいたネットワークの中で子育てを行うことが可能になりつつあると考えられるのである。

5 ｜ 家族への欲求とケータイ

　家族は，多くの人にとって，不確定要素の多い現代社会における

数少ない安定的（だと信じることができる）なアイデンティティの提供元である。一方で，それを支える愛情が「ロマンティック・ラブ」から「純粋な関係性」へ移行する中で，家族は日々の努力を重ねないと維持できない，得がたいものになってきているのもまた事実である。そんな困難があるからこそ，人は実際には希薄化していない家族関係を希薄化したと感じ，理想の家族像を追い求める。そんな現代家族にとって，ケータイは，家族維持の努力を支え，人々が「家族をする」ために必要不可欠な道具となっていると考えられる。

このようなケータイの普及と相互関係にある「純粋な関係性」に基づく家族は，それに必要な努力さえ払えば，必ずしも生まれついた血縁によらずとも成立する家族である。すなわち，ケータイは，こうした新しい形の家族の可能性を広げるものであるとも考えられるのではないだろうか。

ケータイや通信メディアの普及によって生まれるこうした可能性をどう生かすかは，私たちが何を望み，どんな社会を築こうとするのか。それにかかっていると言えるだろう。

引用・参照文献

天笠邦一，2010「子育て期のサポートネットワーク形成における通信メディアの役割」『社会情報学研究』14(1)

コーワン，R. S., 2010『お母さんは忙しくなるばかり――家事労働とテクノロジーの社会史』（高橋雄造訳）法政大学出版局

土橋臣吾，2006「家庭・主婦・ケータイ――ケータイのジェンダー的利用」松田美佐・岡部大介・伊藤瑞子編『ケータイのある風景――テクノロジーの日常化を考える』北大路書房

フィッシャー，C., 2000『電話するアメリカ――テレフォンネットワークの社会史』（吉見俊哉・松田美佐・片岡みい子訳）NTT

出版
ギデンズ，A., 1995『親密性の変容――近代社会におけるセクシュアリティ，愛情，エロティシズム』（松尾精文・松川昭子訳）而立書房
小林哲生・天野成昭・正高信男，2007『モバイル社会の現状と行方――利用実態にもとづく光と影』NTT出版
Kraut, R., et al., 1998, "Internet Paradox," *American Psychologist*, 53(9)
松田美佐，2002「ケータイ利用から見えるジェンダー」岡田朋之・松田美佐編『ケータイ学入門』有斐閣
Matsuda, M., 2005, "Mobile Communication and Selective Sociality," M. Ito, D. Okabe & M. Matsuda eds., *Personal, Portable, Pedestrian: Mobile Phones in Japanese Life*, MIT Press
目黒依子，1987『個人化する家族』勁草書房
Morley, D., 1986, *Family Television*, Comedia/Routledge
野沢慎司，2009『ネットワーク論に何ができるか――「家族・コミュニティ問題」を解く』勁草書房
パットナム，R., 2006『孤独なボウリング――米国コミュニティの崩壊と再生』（柴内康文訳）柏書房
斎藤嘉孝，2005「家族コミュニケーションと情報機器――小中学生とその親における携帯電話の使用状況」『情報通信学会誌』23(2)
Silverstone, R., Hirsch, E. & Morley, D., 1992, "Information and Communication Technologies and the Moral Economy of the Household," Silverstone, R. & Hirsch, E., *Consuming Technologies*, Routledge
砂本量，1994『レンタルファミリー』而立書房
統計数理研究所，2009『日本人の国民性調査第12次調査の結果』（http://www.ism.ac.jp/kokuminsei/point.html）
Wajcman, J., 1991, *Feminism Confronts Technology*, Pennsylvania State University Press
山田昌弘，2005『迷走する家族――戦後家族モデルの形成と解体』有斐閣
山村美紗，1995『レンタル家族殺人事件』文春文庫

吉田あけみ・山根真理・杉井潤子，2005『ネットワークとしての家族』ミネルヴァ書房

吉見俊哉・若林幹夫・水越伸，1992『メディアとしての電話』弘文堂

読書ガイド

●コーワン，R.S.『お母さんは忙しくなるばかり──家事労働とテクノロジーの社会史』（高橋雄造訳）法政大学出版局，2010年

　原著は 30 年前の文献だが，多角的な分析から技術と家事労働の関係を描き出す内容は，現在のメディア研究にも十分に示唆的である。

●山田昌弘『迷走する家族──戦後家族モデルの形成と解体』有斐閣，2005 年

　近年の家族モデルの変遷と現代の家族が抱える問題が，豊富な統計的データによって，わかりやすく描き出されている。

●遊橋裕泰・河井孝仁編『ハイブリッド・コミュニティ──情報と社会と関係をケータイする時代に』日本経済評論社，2007 年

　ケータイの普及と社会的ネットワークとの関係について述べた著作の 1 つ。分析に終始せずデザイン実践にも取り組んでいる。

Column ⑪　ケータイの利用を「調べる」困難さ

　メディア研究者にとって「ケータイ」は，なかなかのツンデレである。ケータイは，私たちの日常生活を源泉に多くの新しい文化を生み出してきた。そんなケータイの研究は実に魅力的だ。一方でケータイ利用はとらえどころがなく，その実態を理解するには多くの困難がつきまとう。

　メディアを研究しようとするとき，一般には，まずその利用に関する調査を行う。質問紙を用いた量的調査や，観察やインタビューといった質的調査など，先人たちは先行して普及したテレビや固定電話などの研究を通してさまざまな調査手法を築き上げてきた。

　しかし，こうした手法には，ケータイの研究に適用するのが難しいものも多い。たとえば生活時間帯調査と呼ばれるテレビ研究において発展した手法は，1日の流れの中で時間帯別の行動やメディア利用を記録する。これにより，メディアの役割や生活の中での占有度など，メディアの影響力を調べることが可能になる。しかし，大半が「ながら」であるケータイ利用は「帯」で理解するのが難しく，これでは影響力の詳細な理解は困難だ。また，ケータイを調査するための単純な質問紙の設計も難しい。ケータイは世代や生活様式でその利用形態が大きく異なるメディアである。質問紙の設計者がそれを充分に理解しているとは限らない。

　以上の問題点を考慮すると，仮説を探索しながら現実を可能な限り豊かに厚く描き出そうとする質的手法のケータイ研究における重要性がわかる。しかし，質的な調査手法も万能ではない。たとえば，1つの場に焦点を定めた観察だけで，調査を完結させるのは難しい。ケータイは，ある場に，異なる場の文脈を持ち込むことを可能にするメディアであり，さらにさまざまな場をまたいで利用されるメディアである。複数の文脈を総合的に理解することが重要だ。

　このようなケータイの利用をより緻密に描き出すためには，機器やサービスが保持する「利用ログ」の活用が重要だ。また，加藤文俊が指摘するような，調査道具としてのケータイの利用，すなわちケータイ「で」調査するといったアプローチも可能性を秘めている。

Column ⑫　メディアの意味の生態系

　ケータイと家族の調査をしていたときの話だ。ある女子高生に家の間取り図を描いてもらい，家族各々のケータイの置き場所を図示してもらった。すると，母親や彼女の姉のケータイは，リビングなど家族が自由に見ることができる場所に置かれていた。さらに母親のケータイに至っては「家電(いえでん)」化しており，無断で電話やメールの対応をすることは，日常茶飯事だという。むしろそうした行為は，家族に共通の話題を生み出し，良好な親子関係につながっていた。一方，父親のケータイはつねに書斎に置かれ，誰も見ないし触らない。彼女曰く「気持ち悪いし見たくない」とのこと。実は彼女，以前に父親のケータイメールを見て，その「浮気現場」を目撃してしまっていたのだ。彼女にとってケータイは，母親や姉との絆の象徴である一方，父親との断絶の象徴でもあり，裏と表の意味をもっていた。

　このように，販売時にはただの携帯電話だったメディアが，誰かに使われ始めると，その個人や利用場所特有のケータイに変化する。端末のデコレーションなどは，見た目にもわかる個人化の良い例だ。こうしたメディアの個人化は，見た目だけでなくその意味にも現れる。上述したエピソードを例に考えると，購入後，その家庭の文化・文脈に照らし合わせてケータイの意味が再発見されていることがわかる。そして，その意味に従った利用の中で，ケータイの社会的な意味や家庭の文化そのものも共有・変化・再生産されるのである。この一連の過程を，シルバーストーンはメディアの家庭化（ドメスティケーション）と呼んだ。

　一方で，個別の場の中で形づくられるメディアの社会的意味は，そのまま独自の発展を遂げるわけではない。たとえば，家族のメンバーは，個別のネットワークをもち，家庭外でも活動をしている。その中で，個別の意味が共有され，より広義のメディアの社会的意味が生み出される。いわば，有機的に人や場所やモノが結ばれた「社会の生態系」の中でメディアは消費されているのだ。こうした社会における意味の循環への理解なくして，ケータイなどのメディアの社会的な影響力を詳細に理解することは難しい。

第7章

子ども・学校・ケータイ

ケータイを使った授業風景

子どもたちにとってケータイは、なくてはならない生活の一部となってきている。その反面、ケータイが普及したことにより、子どもたちの間にケータイ依存の問題や学校裏サイトにおけるネットいじめの問題など負の側面も見られるようになってきた。しかし、学校教育の対応は十分とは言えない。

子どもたちの情報行動がケータイによって変容しつつある現状に対して、教育はどのように向き合っていくべきなのだろうか。ケータイ・リテラシー教育の必要性なども含め、この問題について考えてみよう。

1 「子どもとケータイ」という問題

子どものケータイ利用の実態

　友人との会話中も，TV を見るときも，家にいるときも，子どもたちがケータイを手にしている光景はめずらしくなくなった。ケータイ機能の進化により，パソコンとの住み分けがなくなり，いつでもどこでも容易に 24 時間，インターネットにつながることができる便利さが子どもたちのケータイ利用に拍車をかけている。2009年，内閣府がとりまとめた「青少年のインターネット利用環境実態調査報告書」によると，自分専用のケータイの所有率は小学生が18.3％，中学生が 45.1％，高校生が 95.4％ となっていて，高学年になるほど，ケータイがコミュニケーションに欠かせないツールとなっていることを裏づけている。

　子どもたちのケータイ利用状況を見ると，メールの使用が多いのが特徴である。ケータイを所有している子どものメールの使用率は小学生 74.1％，中学生 96.7％，高校生 99.4％ と高いものになっている。いつでもどこでも使いたいという要望を受けて，浴室でも使える防水機能つきのケータイも発売された。その背景には，一部の子どもたちの間にあるルールの存在がある。これは，「5 分ルール」という（3 分という場合もある）「メールが届いたら 5 分以内に返信しなければならない」という子どもたちがつくりだしたルールである。いつまでも返信しないと仲間はずれになってしまうという強迫観念から，このルールが始まった。頻繁なメールのやりとりから宣伝や不幸の手紙（幸福の手紙）のようなチェーン・メールが広まってしまう例もある。

　また，ケータイ所有者のうち，ケータイからメールやインターネ

ットのサイトへのアクセスをしているのは，小学生が 76.9%，中学生が 97.6%，高校生は 99.4% である。中学・高校生においては，実にケータイ所有者のほとんどがインターネットを利用していることになる。高校生の場合，ケータイからのネット利用がパソコンからよりも多い。インターネットを利用し，ケータイからプロフ（プロフィールサイト）を立ち上げたり，ゲームサイトにアクセスしたりすることが，子どもたちでも容易になったのである。

このように今，24 時間いつでもどこでも使えるというケータイの特性から，ケータイ依存になるというケースもある。また，ケータイからのネットいじめも問題視されるようになった。いじめにつながる例として，どのようなものがあるのか見ていこう。

ネットいじめ

ネットいじめとはインターネットを介したいじめのことである。そもそもいじめはインターネットが普及する前からあった。執拗ないじめにより不登校や自殺に追い込まれるほどの事件がマスコミを賑わせ，深刻な社会問題となった。このようなもともと子どもたちの間にあったいじめが，近年新たないじめへと姿を変えている。

この変化の要因の 1 つにケータイの登場があった。ケータイの即時性やサイトに簡単につながるといった利点が逆手に取られたのである。教室で不愉快なことをされたから，プロフに誹謗中傷をケータイから書き込み，報復したという例もある。また，個人を攻撃する言葉が短時間だけ表示され消えるように設定されている悪質なものもある。このようなネットいじめは日本だけの現象ではなく，海外ではサイバー・ブリイング（Cyber Bullying）と呼ばれている。ケータイの動画などを利用した悪質ないじめはイギリスではハッピー・スラッピング（Happy Slapping）（富田 2006）と呼ばれている。

現在，ケータイサイトは，無料でゲームができたり，SNS（ソーシャル・ネットワーキング・サービス）を利用して，参加者同士でメールの交換やプロフの作成ができたりするものが人気である。そこでの出会いは学校の空間を越えたものも少なくない。これまでのいじめ対応はクラスや学校内で済んだものが，ケータイの保有率が上がるに従い，複数の学校が絡んだものとなってきて，ネットいじめの対応に苦慮する学校が増えている。

　ネットいじめは学校裏サイトで行われることもある。学校裏サイトとはその学校の公式サイトに対し，勝手に立ち上げられる非公式なサイトのことであり，勝手サイトと呼ばれることもある。ケータイの専用サイトとして立ち上げられることが多い。サイトの中には部活動などの連絡や授業の情報交換などでスレッドが立てられ，有効に使われているものもある。

　しかしスレッドに，ある特定の生徒を「キモイ」「ウザイ」などと誹謗中傷するような書き込みがされる場合もある。ハンドルネームで書き込むことや，「2ちゃんねる」のように匿名で気軽に書き込むことが可能である。このような匿名性から裏サイトがいじめの温床となっている場合があるため，裏サイトの中には，アドレスを互いのケータイのみで共有したり，サイトに入る際に暗証番号を求めたりするものも多い。サイト内の書き込みは隠語が使われていることもあるため，教師が見たいと思ってもそこにたどりつくことは難しく，詳細なチェックができないこともある。

　最初からいじめ目的で開設される悪質なサイトもあり，サイトが1校に対して多数立ち上げられているケースもある。調査によれば，情報交換の目的で立ち上げられてはいるものの，誹謗中傷が5割のサイトで見つかった（内閣府 2010a）。裏サイトの氾濫にともない，警察への被害相談も急増した。

ネットいじめ対策とフィルタリング

　そこで，子どもを危険から守るネットセキュリティの重要性が増してきた。これらのネットいじめ対策としては，これまで，親子の同意のもとで（あるいは親の監視のもとで）ケータイをよりよく使うことが望ましいとされてきた。しかし，ケータイでのネット使用によって出会い系サイト等で知らない人と知り合う機会が増えたり，ポルノ，暴力，自殺などの情報を含むサイトにも容易にアクセスしたりと，子どもがつねに危険にさらされてしまうおそれが指摘されている。もちろん，リアルな世界にも当然危険は存在するが，ネットの世界では，子どもがどんな危険なサイトにも，1人で気軽にアクセスすることができる。社会問題となった出会い系サイトだけでなく，電子掲示板やブログ，ゲームサイトにもその危険は潜んでいる。1人の人間がアバターを使って複数のキャラクターを使い分ける，なりすましなども問題視されている。

　このような問題への対策の1つとして，もっとも期待されてきたのがフィルタリングである。フィルタリングとは，子どもが有害なインターネットのサイトへアクセスできないようにする機能のことである。ケータイのフィルタリングには有害サイトを排除したり，特定のサイトのみを許可したりするといったさまざまな方式がある。たとえば，モバイルコンテンツ審査・運用監視機構（EMA: Content Evaluation and Monitoring Association）等が閲覧を許可するサイトの認定を行っている。

　2008年には，青少年インターネット環境整備法（青少年インターネット保護法・青少年ネット規制法）や出会い系サイト規制法が成立した。その後日本では，青少年ネット規制法により，子どもが使用するケータイにはフィルタリングが義務づけられ，親の同意がないとフィルタリングが外せないことになっている。

フィルタリングのサービスは通信事業者が提供している。子どもへケータイを売る際，フィルタリングについての説明をしたり，冊子を渡して注意を喚起したりしている。また，通信事業者が学校に出向き，説明会をする場合もある。しかし，未だにフィルタリングの利用率は高くない。2010年では中学生の47.8%が使っているのに対し，高校生になると33.1%（内閣府 2010b）にとどまっている。ユーザーである子どもたちからは，好きな掲示板や調べたい内容にアクセスできないなどの理由で不評である。

「フィルタリング機能のないケータイ」を使うことにより，子どもたちが不用意に悪質なサイトにアクセスすることが心配されるが，「フィルタリング機能のあるケータイ」を使うことは，子どもが情報社会に生きるために必要なケータイ・リテラシーを醸成する場を削ぐことにつながるという懸念もある。今後さらに進化するであろうモバイル端末に囲まれている子どもたちに対し，フィルタリングを始めとするさまざまな対策をどう取るべきか，大いに議論が必要である。また，スマートフォンのように，子どもたちが小さなコンピュータを持ち歩くといった状況では，セキュリティーソフトなどの対策を周知することも一層重要となるだろう。

一方，子どもたちがそのような危険にさらされるのなら，子どもにケータイはそもそも必要ないとする考えもある。石川県のように，小・中学生のケータイ所持を規制するという条例をつくった例もある。学校へのケータイ持ち込み規制の形態は各校で多様である。完全に持ち込みを禁止している学校，校門を入った時点で電源を切るよう指導している学校，授業中だけ電源を切るようにという学校もある。また，「制ケータイ」という，制服のように学校で統一したケータイをもたせるという事例もある。次に，学校教育ではどのようにケータイが扱われているのかについて見ていこう。

2　ケータイと学校教育

情報モラル教育

　情報モラル教育とは「ネットでの危険を回避する方法・技術の理解」や「ネットセキュリティの知識」を育み，現代社会に対応し参画するためのものである。溢れる情報の中から正しい情報を見つける判断力が子どもにまだ備わっていないとして，「フィッシングにあわないようにする方法」や「不正アクセスに関わるネット社会に参画する態度」「著作権の理解」などが教えられることになっている。

　情報モラル教育はそもそも，パソコン使用を対象とするものであった。しかし近年になって，ケータイの普及とともに，その特性を理解するリテラシーを学ぶ必要が生じてきた。また，ケータイとうまく関わっていくためにケータイに特化したモラル教育が必要にもなってきた。現在，ケータイについて学ばせたいという学校は少なくない。

　たとえば，子どもたちは書き込みの気軽さからケータイのプロフなどに，安易に誹謗中傷を書き込んだり，自分の写真や著作権のあるものを使用したりすることがある。このようなことは，ケータイのメディア特性を理解することで適切に対応できる場合が少なくない。

教科「情報」とケータイ

　高校では2003年に教科「情報」という科目が設けられた。ここには，情報モラル教育も盛り込まれている。

　教科「情報」は，クリティカルなリテラシーをつけ，情報を取捨

選択し，効果的に表現する力をつけることが情報社会に生きる子どもたちにとって必須であることを提唱している。系統的で体系的な情報教育（大岩ほか 2001）を推進するための枠組みとしては「工業」「商業」がもともとあったのだが，それでは十分に対応できなくなり，情報 A・B・C という 3 科目をバランスよく履修することで実践力，科学的な理解，参画する態度を学ぶことができるとして，2003 年度から教科「情報」が始まった。

しかし教科「情報」において，ケータイについて学ぶ時間数などは，学校間で大きな差異がある。また，ケータイに関しては，どうしてもモラル教育が中心となってしまっているため，ケータイを有効に使うためのリテラシーやテキスト特性等に特化した教育とはなっていないのが課題である。ケータイのサイトにはケータイ独自の特性があるため，ケータイに特化したリテラシー教育が必要となる。また現在は，文字の読み解きだけでなく，映像言語や音声言語のリテラシーも必要となっている。とすると，教科「情報」だけにケータイ教育を納めることはできない。

現行の教科書検定制度にも問題がある。実際に執筆されてから刊行されるのに数年かかるため，ネットのコミュニケーションでは常識となっている「炎上（フレーミング）」などのよく使われる言葉や最新の情報が教科書検定を経てただちに掲載されることは難しい。しかし，子どもたちが使っているサイトには流行があり，その動きは早いため，学校の教育現場で対処が後手後手になる場合もある。

また，教科「情報」が始まった当時にはさまざまな問題点が指摘された。たとえば，「情報」の授業時間を他教科へ差し替えるという問題が起こり，それが全国的な規模へと拡大した。これは，大学の受験科目に教科「情報」がないために起こったという見方もある。「情報」の教員免許を大学で取得しても，「情報」の教師を新規採用

しない高校もあったため，他教科を専門に教える教員が「情報」を教える体制でスタートした高校も少なくなかった。

そこで，進化するネット社会の動向に対応するため，新しい用語が載っている最新の副教材などを各学校で独自で選定し，対処しているところも多い。副教材の中には，ケータイでの複数の事例を用いて情報モラルを学ぶという項目の数が多いものもある。ネット社会のマナーやルールだけでなく，ケータイを紛失した場合の対策や迷惑メールなどへの対応方法が掲載されている。また，掲示板，ブログ，プロフ，SNSについて解説し，その特性を理解させるというものもある。

学校では情報モラルを教えるだけでなく，ケータイを積極的に活用していく動きも出ている。そこで次に，ケータイが教育の現場において，どう活用されているか見ていこう。

ケータイの教育活用方法

ケータイが普及した現在では，学校からパソコンではなくケータイに連絡メールを一斉送信するという事例も少なくない。ケータイを使ったほうがパソコンに送るより早く見ることができ，確実だということが次第にわかってきたため，今では授業連絡や緊急連絡などで利用されている。また，子どもたちの保有率の上昇とともに，ケータイを使った授業実践事例が論文誌に掲載される例も増えつつある。2000年以前には，ケータイを使用した学習はほとんどない状態だった（安藤 2010）。さまざまな活用方法が模索されているのは近年になってからである。

たとえば，ケータイの即時性を利用し，授業のコメントを書きこんだスレッドを教員と学生が共有するという事例や野外でのフィールド学習などにも利用する実践がある。また，ケータイの多機能性

を利用し，校外でオリエンテーリングをする際に，メールやカメラ機能を使うだけでなく，GPSを使い学習を行うといったものもある。QRコードを使いクイズ学習をした実践や校内でもケータイを使った鬼ごっこをする実践もある。

　モバイル端末を使ったモバイル学習が行われ，学習効果が上がった例もある。また，ゲーム機を使った実践もある。これらの実践は1人1台のタブレット型パソコンが全導入されるまでの移行期に起こっているとする考え方もある。紙の教材や教科書がデジタル化され，1人1台のパソコンで授業が行われることになれば，端末との差異が少なくなるだろう。実際iPadを配布して授業をした例は2010年から散見されるようになってきている。日本では2010年，総務省が「フューチャースクール」の実証実験を始め，デジタル教科書の導入が始動した。デジタル教科書の端末がどのように進化し，現場に入っていくのか，あるいは，どう多機能ケータイとの差が縮まり，ケータイとどう融合するかは，今後のテクノロジーの進化も関係することになるだろう。

　電子媒体の画面を見て考え解答する，コンピュータ使用型読解力（electric reading）や読解リテラシー（reading literacy）がOECDによるPISA（国際学力到達度調査）においては重要視され始めた。これらは，21世紀に向けた新しいスキルとなる。このスキルを身につけるために，いつでもどこでもユビキタスに使うことのできるケータイ端末は欠かせないツールとなるであろう。そのためにはサイバー教育やe-learningなどを取り入れた新しいカリキュラムの開発が必要となる。

3 デジタル・ネイティブのケータイ・リテラシー

ケータイと教室内のコミュニケーション

　ケータイの普及とともに，子どもたちのコミュニケーションはどのように変容したのであろうか。子どもたちは教室にいるとき，そばに友達がいても，ケータイでネットの友達とつながっている。ケータイを使えば遠くにいても，趣味や感覚が通じているという仲間関係を簡単に築くことができる。このように気楽で価値観の合うケータイでつながる友達との交流は，子どもたちに欠かせないものとなっている。このネット友達は，価値観が合わなければ容易に関係を絶つこともできる。

　日常にケータイがあることで，教室の光景に変化が起きている。2009 年の高校生を対象とした調査（Uematsu 2010）によると，お昼休みに友達と一緒に食事をしていても，片時もケータイを手放さない例が見られた。そこで，教室でケータイを持ちながら交わす会話内容について調査をしたところ，本音を語らず，表面的な会話をする例が多いことがわかった。その理由としては，「オタクと思われたくないから」「話題に上げたとしてもどこまで深く話をしていいかわからない」などである。「心を開くことができるのはケータイでつながったネット友達」という声も少なからずあった。

　また，高校生は一番好きな TV 番組について，教室内の友人には語らないという傾向があった。図 7-1 によれば，一番好きな TV 番組について友人と「あまり話さない」「まったく話さない」の割合は，「話す」と「時々話す」よりも多かった（Uematsu 2010）。このように，教室で毎日顔を合わせるクラスメートに対しては本音を語らない傾向が見られた。

図 7-1 　一番好きなTV番組などについて友人と話題にするか（348名）

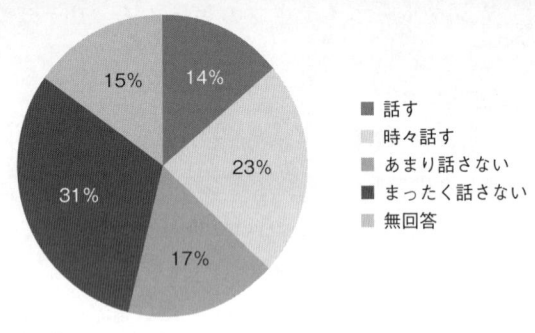

- 話す：14%
- 時々話す：23%
- あまり話さない：17%
- まったく話さない：31%
- 無回答：15%

（出所）　Uematsu 2010。

　また，子どもたちのコミュニケーションはさらに重層化してきている。オンライン・ペルソナと呼ばれるようなネット上の人格をつくり，教室でのコミュニケーションと同様，ネット上の友達にも気を遣って付き合うという傾向が見られた。子どもたちはネットの交流を拡げたいがために，ケータイを使って掲示板に書き込むときにも慎重になるという。そして，ケータイを使うと容易な書き込みも，「書き込みの回数が多すぎてウザイと思われたくない」ために回数を減らしているといった回答もあった。さらに「自慢話を多く載せないよう心がけている」など，極力ネットの友達と友好的な関係を築こうと努めている。ケータイで気軽につながった関係も大切にとらえているという傾向が見られた。このようなネット上のコミュニケーションを充実させたいという願望が，ケータイの普及とともにさらに加速したと考えることができる。

　調査対象の生徒は就学前から電子メディアに接触し，デジタル技術やそれを活用したインフラやネット環境に取り囲まれ親しんできている。特にケータイを使いこなし，いろいろなケースに早く直面した子どもは，ケータイにまつわるトラブルの対処法も理解し，う

まくケータイを使いこなしている例が少なくない。ケータイが子どもたちに欠かせないコミュニケーション・ツールとなっている現状を考えると，ITスキルだけを求めたり，ことさら危険だけを強調したりするモラル教育だけでなく，総合的な観点で情報行動をとらえ，子どもの発達に応じた系統的なケータイ・リテラシー教育が必要である。

ケータイ・リテラシー教育の必要性

　近年では，紙に書き込むのと同じか，あるいは，それより速い打ち込みの速度で指を動かしてケータイに入力できるスキルをもつ子どもも見られるようになった。片手でブラインドタッチし，文字を入力し，メールのやりとりをする光景もめずらしくない。

　即時的にアクセスでき，双方向で即興的になされる限られた画面の中での情報の発信手段であり，子どもたちの間に親密な関係をつくるケータイのコミュニケーションには，パソコンでインターネットを使用する場合とは異なった側面がある。そのような特性を理解するためにケータイ・リテラシー教育が必要となってきている。

　また，ケータイ・リテラシー教育が必要なのは子どもだけではない。大人にも，ケータイというメディアの理解は必要である。親が子どもに〈電話をケータイ（携帯）する〉といった文字通りの理由でケータイをもたせているということが少なからずある。その感覚のずれが親子間でのトラブルを引き起こすこともある。ケータイでコールすれば子どもにつながるため，安心して事の重大さに気がつかない「プチ家出」が話題になったが，これは子どものケータイに連絡が取れていることで安心し，「外泊」ということの重大さに気がつかなかった例である。

　私たちの日常のコミュニケーションの中に，すでにケータイでの

コミュニケーションが含まれていることを考えると，なるべく早い時期からケータイを介したコミュニケーション能力を醸成していく必要がある。子どもにケータイの所持を禁止しても，根本的な解決につながってはいかないだろう。通信事業者だけでなく，社会や学校，家庭が子どもとケータイの関わりについて見ていく必要もある。

また，ケータイはひとつのメディアであることから，メディア・リテラシー（→ Column ⑭）の観点も必要である。ケータイというメディアの特性を読み解き，幅広い視野に基づいた，ケータイ・リテラシー教育が求められることになるであろう。

引用・参照文献

赤堀侃司ほか，2010『モバイル学習のすすめ』高陵社会書店

安藤明伸，2010「携帯電話を利用した教育実践」『モバイル学会誌』1(1)

EMA（Content Evaluation and Monitoring Association, モバイルコンテンツ審査・運用監視機構）(http://www.ema.or.jp/ema.html)

内閣府，2010a「青少年のインターネット利用環境実態調査報告書」(http://www8.cao.go.jp/youth/youth-harm/chousa/h21/net-jittai/pdf-index.html)

内閣府，2010b「青少年のインターネット利用環境実態調査結果について」(http://www8.cao.go.jp/youth/youth-harm/chousa/h21/net-jittai/pdf/kekka.pdf)

荻上チキ，2008『ネットいじめ——ウェブ社会と終わりなき「キャラ戦争」』PHP研究所

岡田朋之，2010「子どもとケータイ——リスクを回避し楽しく使うには」関西大学経済・政治研究所『セミナー年報 2010』

大岩元ほか，2001『情報科教育法』オーム社

タプスコット，D., 2009『デジタルネイティブが世界を変える』（栗原潔訳）翔泳社

富田英典，2006「ブログと発信したがる若者たち（下）」社団法人大阪少年補導協会編『月刊少年育成（特集・若者たちは変わったか）』2月号

上松恵理子，2009a「ケータイの使用行動に表れたメディア・ラッピング」『日本教育工学会第25回全国大会講演論文集』

上松恵理子，2009b「メディア・リテラシーの観点からケータイを読むことの考察」『モバイル学会研究報告集』5(1)

上松恵理子，2010「デジタルネイティブの『読むこと』『書くこと』における現状と課題」『モバイル学会研究報告集』6(2)

Uematsu, E., 2010, "Analyzing Survey Results for Media Usage of Japanese High School Students," *APCJ, The Asia-Pacific Collaborative Education Journal*, 6(2)

渡辺真由子，2010『子どもの秘密がなくなる日——プロフ中毒，ケータイ天国』主婦の友社

読書ガイド

●菅谷明子『メディア・リテラシー——世界の現場から』岩波書店，2000年

世界のメディア・リテラシー事情をレポートしたものである。海外の教育現場でどのようにメディアが読み解かれているかを知ることができる。

●タプスコット，D.『デジタルネイティブが世界を変える』（栗原潔訳）翔泳社，2009年

1万人もの若者へのインタビュー結果から，デジタルの世界の中で育った最初の世代をデジタルネイティブと呼び，彼らをこれまでになく優秀で変革力となる世代とした本。

●渡辺真由子『子どもの秘密がなくなる日——プロフ中毒ケータイ天国』主婦の友社，2010年

プロフの魅力や危うさを，プロフ利用の分析結果から著したものである。日本における利用実態や使用例，海外の事例，親世代の対応方法も具体的に述べられている著作。

Column ⑬　メディア悪玉論

　新しい機器やメディアが急速に普及する際に，バッシングとも思えるような「悪玉論」が現れることは少なくない。近年，少年犯罪が起こるたびに原因の1つとして取り上げられるのは，テレビゲームやアニメだ。曰く「テレビゲームで遊ぶ子どもはゲームの世界に1人で入り込み，対人関係がうまく結べない」「アニメの世界と現実を混同する」。

　しかし，読書にも同じような警戒感が見られたと聞くとどうであろうか。前田愛は明治期に読書が音読から黙読へと変化していったことを議論する中で，黙読型の読書が「批難の眼で見るとまでは行かないにせよ，好もしいものとして迎え入れようとはしない家庭が少なくなかった」と指摘し，それは「小説自体の影響力とはべつに，小説とともに一人の世界に閉じこもること」が，「家族全体の連帯感を疎外する行為を意味したためではあるまいか」と述べている（前田 1993）。あるいは，R. ヴィットマンによれば，18世紀末に起こったとされる「読書革命」——集中的で反復的な読書から，拡散的な読書への移行——について，1796年のドイツの聖職者は次のように記しているという。「読者達は男女を問わず本を片手に起床し，また就寝し，食卓でも本を離さず，仕事をするときも近くに置いて，散歩にも携え，一度始めた読書は終わるまで片時も中断しようとはしない。けれどもある本の最後のページをむさぼるように読み終えるやいなや，ただちに他の本を探しださんと物欲しげに辺りを見回しているのである」（ヴィットマン 2000: 408）。

　彼はほかにも健康に対する読書の悪影響論や暇つぶしの読書を糾弾する議論，小説や図書館に対する批判など，当時の「新しい読書習慣」へ向けられた視線を紹介する。どのようなものであれ読書が尊ばれる今日では想像しがたいが，このような視線は今日ケータイを手放せない人に向けられる視線ときわめてよく似ている。

引用・参照文献
前田愛，1993『近代読者の成立』岩波書店
ヴィットマン, R., 2000「十八世紀末に読書革命は起こったか」（大野英二郎

訳）シャルティエ, R. & カヴァッロ, G., 編『読むことの歴史』大修館書店

Column ⑭　メディア・リテラシーの概念

　メディア・リテラシー（medialiteracy）とはメディアを読み解くための能力であり，メディアに囲まれた現代社会にはまさに必須の能力である。リテラシーの語源リテラ（littera）は，ラテン語で文字を意味する語で，本来リテラシーとは文字の読み書き能力，識字力を指す。ところが，メディアの進化とともに，あらゆるメディアを媒体としたコミュニケーション能力もメディア・リテラシーに含まれるようになった。

　メディア・リテラシーの概念はさまざまである。たとえば，「市民がメディアを社会的文脈でクリティカルに分析し，評価し，メディアにアクセスし，多様な形態でコミュニケーションをつくりだす力」（鈴木編 1997）という概念は，市民がメディア社会をより主体的に生きていくための力として，社会学的な立場から語られたものである。

　また，メディア・リテラシーは「メディア機器活用能力」「メディア受容能力」「メディア活用・表現能力」という3つの互いに相関する能力として，階層的にとらえることができ，どれが欠けても良くないと言われる（水越 1999）。実は，高校の教科「情報」においては，メディア・リテラシーという言葉は存在するものの，第1の「メディア機器活用能力」にあたる部分が多くを占めている。しかし，このような3つの能力が含まれたメディア・リテラシーを教科としている先進国も少なくない。国語の教師がメディア・リテラシーの授業を行っている国もある。しかし，現在日本の学校では，「メディア・リテラシー」という科目がなく，現場でメディア・リテラシーを育む授業実践は学校ごとにばらつきがある。今後，どのようにメディア・リテラシーを日本の教育に取り入れるかが課題となっている。

　メディア・リテラシーの概念は時代によってつねに変化を余儀なくされている。今後はデジタル社会に対応した，マルチメディアやハイパーテキスト，バーチャル・リアリティに対する新リテラシーが求め

られ，それがメディア・リテラシーの概念に加えられていくことになるだろう。

引用・参照文献

水越伸，1999『デジタル・メディア社会』岩波書店
鈴木みどり編，1997『メディア・リテラシーを学ぶ人のために』世界思想社

第8章

都市空間，ネット空間とケータイ

秋本治『こちら葛飾区亀有公園前派出所』（集英社）第83巻189ページより

> ケータイは今では現代人の必需品となった。街中にいると至るところでケータイを使っている人を何人も見つけることができる。彼らはなぜケータイを利用するのだろうか。最新機種のケータイには次々に新しい機能やサービスが追加されてきている。ここでは，通話やメールなどの通信機能だけでなく，ケータイに搭載された新しい情報技術なども含め，ケータイが都市空間にどのような影響を与えているのか，そして，現代人はどのような時間感覚，空間感覚でケータイを利用しているのかを考えたい。

1　都市空間とケータイ

絶え間なき交信の時代

　都市とはどのような空間なのだろうか。G. ジンメル（1976）は，大都市には「孤独」や「荒涼」というネガティブな側面と「個人的自由」というポジティブな側面があることを指摘した。大都市における人々の精神的態度は「冷淡」であるが，他方で大都市は人々に個人の自由を与えるのである。小さな村や町における監視の目や偏見から人々は解放され，大都市の中で周りの目を気にすることなく自由に振る舞うことができる。都市空間を移動しながら利用するケータイには，ジンメルが指摘した自由と孤独という2つの側面に対応した機能を期待されることになる。たとえば，若者たちはケータイがあれば親や教師の監視から逃れて自由に都市空間で遊ぶことができるようになった。そして，都会で生活を始めた若者たちは，いつでもどこからでも故郷の両親や友達とつながるケータイによって孤独から解放されるのである。

　このようにケータイは便利なメディアである。しかし，ケータイがなくてもかつては特に困らなかった。したがって，必需品というよりぜいたく品だった。それにもかかわらずケータイは歴史も文化も異なる世界中の国々で急速に普及した。J. カッツらはケータイ文化が国境を越えて世界各国に普及し同様の社会現象を引き起こしている点に注目し，「機械の魂」（the spirit of the machine）を意味するApparatgeistという概念を提起する（カッツ＆オークス編 2003）。Apparatは，ラテン語に起源をもち，ドイツ語とスラブ語で機械を意味する。Geistは，ドイツ語で魂や心を意味し，運動，方向，動機を含意する。そして，Apparatgeistの論理とは，「絶え間なき

交信」(perpetual contact) であるという。つまり，国境を越えて，歴史も文化も異なる国々で，ケータイが同じように普及し同じ社会問題を引き起こしているのは，ケータイという機器がもつApparatgeistの論理（絶え間なき交信）が原因であるとカッツらは考えたのである。

では，Apparatgeistの論理は都市空間における何と不協和を引き起こしたのだろうか。

「不関与の規範」を乱すケータイ

日本では，電車内やレストランなどいくつかの公共空間でのケータイ利用（特に通話）が禁止されている。ただ，友達同士で楽しそうにおしゃべりをしている人は何人もいる。なぜ，客同士の会話は許されるのに，ケータイでの会話は許されないのだろうか。

都市空間には一定の秩序がある。たとえば，電車内での会話についても暗黙の了解がある。ふだん車内で会話をする場合，私たちはある程度周りに気を使っている。乗客は，自分たちの会話が周りに聞かれていることを前提に話さなければならない。また，周囲の人々は，聞こえていても聞いていないふりをしている。私たちは，周りの人たちが聞いているのは知っているが知らないふりをして話し，周囲の人々は，聞こえているが聞いていないふりをする。そんな関係が車内には成立している。それぞれが厳しく行動規則を遵守しているのである。E. ゴッフマン（1974, 1980）は，人々はその場にふさわしい自己を呈示するために自分の印象を管理し操作していると考えた。見知らぬ人々が集まる場所でも私たちはその場にふさわしくない人間ではないことを周りの人々に知らせようとする。そのような暗黙の了解として，他人の都合の悪い場面に出くわしたときに無関心を装う行為をゴッフマンは「儀礼的無関心」と呼んだ。

また，S. ミルグラム（Milgram 1970）はこのような都市の規範を「**不関与の規範**」（永井 1986；石川 1988）と呼んだ。人々はお互いに関わらないようにするという規範を共有しているのである。

ところが，電車内だけでなく映画館やコンサートホールにいるときでもケータイはこちらの状況などお構いなしにかかってくる。電車内で呼び出し音が鳴りケータイで話し始めると，周囲を気にせずに話し始めたように他の乗客には見える。それは，車内の秩序が「不関与の規範」を遵守する乗客全員のチームワークで成り立っているからである。それゆえに，乗客ではない車外の誰かとケータイで話している行為自体が他の乗客の不快感を誘うのである。車内でケータイが鳴るとき，周りの乗客たちは「儀礼的無関心」を演じている。そして，ケータイで話し始めた乗客には「聞かれていることを了解したうえで，聞かれていないふりをしながら，すぐにケータイを切る」ことが期待されるのである。それでもケータイで話し続ける乗客は，車内の規範と行動規則に違反しているとして，厳しい非難の視線に晒されることになるのである。

ミクロ・コーディネーション

ケータイがもたらしたのは，負の側面だけではない。ケータイ利用の便利さは，待ち合わせの予定を臨機応変に変更することができる点である。ノルウェーのケータイ利用を研究した R. リンと B. イットリは，ケータイを利用したそんな日常生活のコーディネーションに注目した（リン&イットリ 2003）。

ケータイが登場し，私たちは一度決めた時間を簡単に修正することが可能になった。また，おおまかな時間と場所を決めておき，ケータイで連絡を取り合い微調整しながら落ち合うことが可能となった。このようなケータイ利用をリンらは「ミクロ・コーディネーシ

ョン」と呼んだ。

　かつて，移動中の人は通信する手段がなかった。多くの場合，誰かと連絡をとるにはどこかの場所にとどまっている必要があった。その後，ケータイが普及し，私たちは移動中でも連絡が取れるようになった。その結果，帰宅途中の夫に買い物を頼んだり，待ち合わせの時間に遅れることを伝えたりできるようになったのである。特に，共働きの夫婦にとって，このような「ミクロ・コーディネーション」は，日常的なケータイ利用形態であろう。そして，これまで一度教室を出てしまうと連絡が取り合えなかった若者たちも，ケータイを利用して放課後にどこかで落ち合うことが可能になったのである。

　ケータイの利用は現代人の人間関係にも影響を与えている。そこで次に，ケータイが都市空間に成立させる新しい人間関係について取り上げたい。

2 ｜ 「インティメイト・ストレンジャー」と「ファミリア・ストレンジャー」

　ケータイは，都市空間に新しい人間関係を成立させるメディアとしても利用されている。これまで，パソコン通信やインターネット，「伝言ダイヤル」や「ダイヤルQ^2」，ポケベルなどで，新しいスタイルのコミュニケーションが登場していた。そこに成立しているのは，匿名であるから親密になれる関係である。このような匿名性を前提としたメディア上の親密な他者は「インティメイト・ストレンジャー」と呼ばれる（富田 2009）。近年，スマートフォンで人気の友達検索アプリも同じ流れの上にある。

　インターネットに接続されたとはいえ，ケータイが通信手段であ

図 8-1 インティメイト・ストレンジャーとファミリア・ストレンジャー

```
              親密な関係
      インティメイト・  │   友だち
       ストレンジャー   │
  見慣れない ────────┼──────── 見慣れた
              他人   │ ファミリア・
                    │ ストレンジャー
              疎遠な関係
```

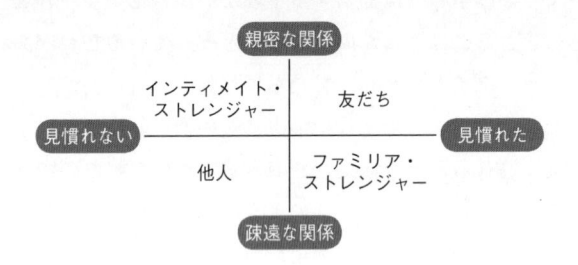

ることに変わりはない。また、いまだに人気の衰えないネットワークゲームの楽しさの秘密はゲーム中のチャットにある。見知らぬゲーマーと会話をしながらゲームの世界を旅する楽しさが魅力なのである。そして、インターネットが利用可能なケータイは、都市空間にいながら「インティメイト・ストレンジャー」とチャットを楽しむことを可能にする。楽しみながら、私たちは都市空間をもう1つのメディア空間に変える。

これまで、私たちは、「見慣れた人＝親密な関係」「見慣れない人＝疎遠な関係」という構図の中で生活をしてきた。かつて、ミルグラムは、通勤電車などでよく見かける乗客で、顔はよく知っているが言葉を交わしたことはない他人を「ファミリア・ストレンジャー」と呼んだ（Milgram 1977）。都市空間とは、まさに「ファミリア・ストレンジャー」のあふれた空間なのである。私たちは、「ファミリア・ストレンジャー」に囲まれて暮らすことに一種の安心感を覚えているように思える。

そんな都市空間に、インターネットに接続されたケータイが持ち出された。その結果、対面的な都市空間に非対面的なメディアを介した親密な関係があふれだしている。インターネットが利用可能な

ケータイを利用することによって、私たちは都市空間において現実世界とメディア内の世界を融合する。そして、その結果「ファミリア・ストレンジャー」(現実世界)と「インティメイト・ストレンジャー」(メディア内の世界)が同居する状況が発生しているのである。

このように、ケータイは2つの世界を融合させたが、これは、これまでとは異なる時間と空間に関する感覚が登場していることでもある。そこで、次に新しい時間と空間の感覚についてとりあげたい。

3 ネットワーク社会の時間と空間

時間と空間の分離

ここでは、まず都市の空間感覚や時間感覚の変化について整理したい。

私たちが暮らす都市空間の特徴のひとつは、時間と空間が分離しているところにある。A.ギデンズ(1993)は、前近代社会では時間と空間は結びついていたが、近代化によって空間から時間が分離されたと指摘した。前近代社会では、日々の生活の時間は自然界の周期的出来事(暦)によって特定されていたため、時間の測定は不正確であり不安定であった。人々は、太陽が山に隠れそうなとき、林にカラスが集まって鳴いているとき、近所の人が洗濯をしに川辺に集まっているとき、農夫が畑で野良仕事をしているときというように、場所に結びつけることによって時間を特定していたのである。ところが、近代社会になり、時刻は機械で動く時計によって表示されるものとなった。労働時間は午前9時から午後5時のように時計で決められるようになる。他方で、空間にも変化が生まれた。前近代社会では、空間とは、「目の前にあるもの」であり、地理的に限定された場面(locale)という意味での場所(place)であった。空間

(space) は場所とおおむね一致していたのである。ところが，近代社会になると，世界地図の登場が空間を特定の場所や地域から独立した存在にする。自分の家や子どもの頃に遊んだ川などが，行ったこともない町と一緒に次々と地図上に表示されるようになったのである。そして，職場でも日常の生活でも「目の前にいない」他者との関係が増大し，空間は場面を意味する場所から切り離されるようになるのである。

このように，前近代社会では一致していた時間と空間は，近代社会になると分離し，それぞれは時計と世界地図によって測定されることとなったのである。このような空間と時間の分離をギデンズは，「空間の空白化（emptying of space）」「時間の空白化（emptying of time）」と呼んだ。

近代社会になって空間から分離された時間は，過去から現在へ，そして未来へ向かって動き出した。人々はより早くより遠くまで行くことを望んだ。そして，人々は「時は金なり（Time is money）」というB.フランクリンの格言のように，時間を節約し懸命に働いた。しかし，M.エンデが『モモ』の中で描いたように時間貯蓄銀行の金庫の中はからっぽだった。時間を節約すればするほど私たちの生活はますます忙しくなっていったのである。

「フローの空間」と「タイムレスタイム」

その後のインターネットの普及によりさらに新しい空間と時間の関係が登場している。M.カステル（1996, 1999）は，インターネットが普及したネットワーク社会において空間は「場所の空間（space of place）」から「フローの空間（space of flow）」へ，時間は「時計の時間（clock time）」から「タイムレスタイム（timeless time）」へ移行すると考える。「フローの空間」とは，空間が消滅す

表8-1 時間と空間

	前近代社会	近代社会	ネットワーク社会	モバイル社会
時 間	自然界の周期的時間	時計の時間	タイムレスタイム	リアルタイム
空 間	目の前の場面の空間	地図上の空間	フローの空間	モバイルの空間

(出所) ギデンズとカステルの所論より作成。

ることではない。それは特定の場所に固定されない空間である。「フローの空間」とは、遠距離通信技術、双方向通信システムなどの通信網によって生まれるものであり、場所ではなく通信の流れを処理するネットワークの結び目(ノード)と同じような形をしたものである。ギデンズが指摘したように、近代社会になって空間は、場面ではなく世界地図上の場所となった。しかし、ネットワーク社会になると、空間は蜘蛛の巣状に張り巡らされた通信ネットワークとなる。カステルは、フローの空間を代表するものとして、グローバル経済を支える金融システムのネットワークをあげる。

ネットワーク社会では、時間も変化するとカステルは考える(Castells 1996)。そして、新しい時間を「タイムレスタイム」と呼んだ。それは、時間が消滅することではない。「タイムレスタイム」とは、時計の時間に固定されない時間である。近代産業社会における時間の特徴は、連続性であり標準化であった。しかし、ネットワーク社会になると事務処理時間の短縮が起こり、同時に複数のことを行うマルチタスクが可能となり、地球的規模の仕事も簡単に処理できるようになる。さらに、情報の流れは、国や地域ごとに統一されていた時計による時間を簡単に超えてしまう。そして、相手と離れたまま一緒に(同時性：simultaneity)活動することを可能にした。カステルは、このようなネットワーク社会の時間を「タイムレスタ

イム」と呼んだのである。この社会では，お金を生むのは時間ではなくネット上を流れる情報である。人々は時間に追われる忙しさから解放されたが，今度は膨大な情報の処理に追われるようになった。

またカステルは，ケータイがネットワーク社会の「フローの空間」と「タイムレスタイム」をさらに促進させると考えたが (Castells 2007)，それだけでなくモバイル社会には固有の時間と空間も生まれている。そこで，次にモバイル社会における時間と空間の特徴について考えたい。

4 モバイル社会の空間と時間

「いまどこにいるの？」——モバイルの空間

私たちは，ケータイを利用することによっていつでもどこでも通話やメールができるようになった。そして，通話やメールの相手もケータイをもって移動している。ケータイでは相手の場所がわからない。それは，ケータイでは，固定電話のように「場所」につながるのではなく，「人」につながるからである。したがって，ケータイがつながると「いまどこにいるの？」と場所を確認することになる。私たちは，自宅やオフィスに戻ることなく，必要なときはその場所から誰かに発信することができる。相手も同じように外出中でもメールや電話を受信することができる。

ケータイはつねに追尾され，携帯電話基地局情報や GPS (Global Positioning System) によってその位置を特定される。また，周辺にあるお店の情報などを教えてくれるスマートフォン用アプリでは，起動させると現在位置情報を取得しようとする。これらの場合の場所とは，ネットワーク上のノードではなく地図上の位置である。しかも，ケータイ画面に地図を表示すると，地図上の位置は私たちが

移動するのに合わせて動き，私たちを目的地までナビゲートしてくれる。

このような，つねにケータイによって与えられる位置情報が重なった空間をここでは「モバイルの空間」と呼んでおきたい。

「リアルタイム」

モバイル社会では，ネットワーク社会で失われた時計の時間が復権する。しかし，それはまた時計に縛られた生活が始まることを意味するのではない。ケータイは私たちが時計の時間を有効に利用することを促すのである。リンらが「ミクロ・コーディネーション」という概念で示したように，私たちは待ち合わせの時間を変更しながら移動することができる。また，駅でバスを待っている時間などを利用して仕事のメールを確認することもできる。これらは，いつでも思い立ったときすぐに課題を処理する時間感覚を表している。ただ，逆にケータイを所持することで職場の上司などに監視されているような束縛感を覚える場合もある。これもいつでもという時間感覚である。オフィスに着いてからとか，約束の時間まで待ってからではなく，いつでも思い立ったときにケータイを利用するこの感覚こそ，モバイル社会における時間感覚なのである。A. タウンゼントが，ケータイが普及し，常時モニタリングができ即座に反応できるようになった街を「リアルタイムシティ」と呼んだように（Townsend 2000），モバイル社会における時間の特徴は「リアルタイム」（即時）である。

このような時間の変化はケータイのカメラの利用方法にも表れている。これまで，カメラは記念写真のように思い出を記録するメディアであった。撮影後，写真は焼き増して友達にも配られた。それに対して，ケータイのカメラは，撮った写真をその場で友達に送信

することができる。その写真は撮影した人の「今の感動」を表している。写真をすぐに送信するのはその気持ちをその場で友達と共有したいからである。このような「過去を記録するメディア」から「今を共有するメディア」へという写真感覚の変容は，モバイル社会における時間感覚をよく表している。

5 「複合現実社会」とケータイ

　モバイル社会における空間と時間の感覚は，今後どのような変化を遂げるのだろうか。ケータイをめぐる状況は近年急速に変化した。通話やメールだけでなく，さまざまな機能を装備しマルチメディア化したケータイだが，スマートフォンの普及により，その世界はさらに飛躍的に拡大している。

「セカイカメラ」と拡張現実感

　現在の情報社会の特徴は，リアルとバーチャルの融合にある。これまでのバーチャル・リアリティ (VR) はバーチャル空間をよりリアルにする技術であった。それに対して今日注目されている「拡張現実感」(AR：Augmented Reality) は，逆にリアル空間をバーチャルにする技術である。AR は，P. ミルグラムらが提起した概念である (Milgram & Kishino 1994)。ヘッドマウント・ディスプレイを装着したり，パソコンに CCD カメラを接続したりして利用され，すでに医療，福祉，建築，防災，教育，訓練など多数の分野で研究開発が進んでいる。たとえば，ページをめくると目の前を魚が泳ぎだす絵本，直接見ることができない患部の体内の画像を表示させ手術ができる装置などが登場している。そして，ミルグラムは従来の VR と AR を合わせて「複合現実感」(MR：Mixed Reality) という概

念を提起した。

　2009年，ARをスマートフォンで可能にしたアプリ「セカイカメラ」（頓智ドット）が登場して話題となった。「セカイカメラ」では，ケータイのカメラで表示されている映像にエアタグという文字や映像，音声や動画の情報を重ねて表示させることができる。現在，日本中のいたるところにユーザーが張り付けたエアタグが浮かんでいる。「セカイカメラ」は，今ではスマートフォン以外のケータイでも利用可能となった。その後は，「iButterfly」（電通）や「タイムスコープ」（京都高度技術研究所）など，優れたARアプリケーションが次々に開発されている。ケータイはARを可能にする有力な機器である。

　このように，リアル空間にバーチャルな情報を重ねるアプリケーションとして世界的な注目を集めた「セカイカメラ」やそのほかのアプリを利用する私たちの感覚は，都市空間に対するこれまでの感覚と大きく異なっているといえる。このような社会を「複合現実社会」と呼びたい。

　ケータイはもはや単なる電話ではないし，単なるモバイル・インターネット用の機器でもない。ケータイは，リアルとバーチャルを重ねる機器，フィジカル（物理的なもの）とデジタルを重ねる機器へと変貌しつつある。そんなケータイは，都市空間をAR空間へと変容させることになるだろう。バーチャルはこれまで「仮想」と訳されることが多かった。しかし，日本バーチャルリアリティ学会は，「みかけや形は原物そのものではないが，本質的あるいは効果としては現実であり原物であること」がバーチャルの意味であるとして，「仮想」は誤訳であると訂正を求めている。いまやAR端末となったケータイは，人や物の上にその人や物の本質的な情報を重ねて表示するAR空間をつくりだすことができるのである。

「複合現実社会」における空間と時間

2009年夏の終わり,「AR空間」への移行を予期させるイベントが開催された。それが「初音ミク」のライブである。「初音ミク」とは,インターネット上に登場したバーチャル・アイドルの1人である。半透明スクリーンを使用したAR技術でステージに登場した「初音ミク」は,バンドを従えて2万5000人の観客の前で歌い踊って見せたのである。前述したように,見た目や形は違うが,本質的あるいは効果は現実であり原物であるものがバーチャルである。このイベントは,どのようなバーチャル情報をどの空間に重ねるかによって,さまざまなビジネスや娯楽が生まれる可能性があることを示した。しかし,他方で他人に不愉快な情報を貼り付ける逸脱行為が生まれる危険性があることにも注意しなければならない。

そして,空間だけでなく時間についても新しい利用感覚が生まれようとしている。2009年9月3日に発売された恋愛シミュレーションゲーム「ラブプラス」(コナミ)は,発売と同時に売り切れが続出した。このゲームでは,RTC(リアルタイムクロック)でゲームを進めることができる。これまで多くの場合,ゲーム内の時間は,現実の時間とは無関係に進むことが一般的であった。深夜にゲームを始めても,ゲームの中では昼間であることもあった。しかし,RTCでは,こちらが6月25日の深夜ならゲーム内も同じ日の深夜なのである。したがって,ゲーム内の彼女と日曜日の午後にデートをしようと思えば,実際に日曜日の午後にゲームをしなければならないのである。言い換えれば,ゲーム内でも現実と同じ時間が流れ,私たちはゲーム内の彼女と時間を共有することができるのである。そして,その後,スマートフォン向けに「ラブプラス」のARアプリが登場する。それはゲーム内の彼女の画像がプリントアウトしたマーカー上に表示できるARだった。そして,「ニンテンドー

3DS」用ソフトの「new ラブプラ」（コナミ）では，3D になった彼女が話しかけてくれるようになる。その特徴は AR と RTC のリンクにある。このゲームは，今後登場するモバイルゲームが AR と RTC のライン上，つまりリアルタイム AR の流れの中で展開することを予感させる。おそらく複合現実社会における時間では，現実時間にゲーム内時間やネット内時間が同期することになるだろう。そして，ケータイによるリアルタイム AR が本格化するとき，複合現実社会の扉は大きく開かれるのである。

引用・参照文献

  Castells, M., 1996, *The Rise of the Network Society*, Blackwell
  カステル，M., 1999『都市・情報・グローバル経済』（社会学の思想 2）（大澤善信訳）青木書店
  Castells, M. et al., 2007, *Mobile Communication and Society*, MIT Press
  ギデンズ，A., 1993『近代とはいかなる時代か？──モダニティの帰結』（松尾精文・小幡正敏訳）而立書房
  ゴッフマン，E., 1974『行為と演技』（石黒毅訳）誠信書房
  ゴッフマン，E., 1980『集まりの構造──新しい日常行動論を求めて』（丸木恵祐・本名信行訳）誠信書房
  石川実，1988「都市の『匿名性』と私的空間──都市社会的相互作用論の位置づけ」『都市問題研究』40（2）
  カッツ，J. E. & オークス，M. 編，2003『絶え間なき交信の時代──ケータイ文化の誕生』（立川敬二監修・富田英典監訳）NTT 出版
  Milgram, P. & Kishino, F., 1994, "A Taxonomy of Mixed Reality Visual Displays," *IEICE Transactions on Information Systems*, E77-D（12）
  Milgram, S., 1970, "The Experience of Living in Cities," *Science*, 167（3924）

Milgram, S., 1977, *The Individual in a Social World: Essays and Experiments*, Addison-Wesley

永井良和, 1986「都市の『匿名性』と逸脱行動——隠蔽と発見の可能性」『ソシオロジ』30 (3)

リン, R. & イットリ, B., 2003「ノルウェーの携帯電話と利用したハイパー・コーディネーション」カッツ, J. E. & オークス, M. 編『絶え間なき交信の時代——ケータイ文化の誕生』(立川敬二監修・富田英典監訳) NTT 出版

ジンメル, G., 1976「大都市と精神生活」(酒田健一ほか訳)『ジンメル著作集 12 ——橋と扉』白水社

富田英典, 2009『インティメイト・ストレンジャー——「匿名性」と「親密性」をめぐる文化社会学的研究』関西大学出版部

Townsend, A. M., 2000, "Life in the Realtime City: Mobile Telephones and Urban Metabolism," *Journal of Urban Technology*, (7) 2

読書ガイド

●カッツ, J. E.「結論:携帯電話の意味を作る——機械精神の理論」カッツ, J. E. & オークス, M. 編『絶え間なき交信の時代——ケータイ文化の誕生』(立川敬二監修・富田英典監訳) NTT 出版, 2003 年

絶え間なき交信の論理から, 歴史も文化も異なる国々でケータイが普及し同じような社会問題を引き起こしている現象を分析する。

●ラインゴールド, H.『スマートモブズ——〈群がる〉モバイル族の挑戦』(公文俊平・会津泉監訳) NTT 出版, 2003 年

社会学, 人口知能, エンジニアリング, 人類学などの識見を応用しながら, モバイルメディアが社会に与える影響を論じる。

●富田英典『インティメイト・ストレンジャー——「匿名性」と「親密性」をめぐる文化社会学的研究』関西大学出版部, 2009 年

キッズマーケットや電話風俗などを取り上げ, 情報メディアの発達と人間関係の変容,「匿名性」と「親密性」の問題を分析する。

Column ⑮　震災情報とケータイ

　2011年3月11日14時46分，ケータイの緊急地震速報が鳴り響いた。数秒後，未曾有の大地震が日本列島を襲う。その範囲は，東北地方を中心に関東から北海道にまで及んだ。ケータイの基地局の一部は壊れ，停電し使えなくなった。その後，想像を絶する巨大津波が太平洋岸の被災地に迫る。テレビでは，防波堤を越えて住宅に近づく津波，川を逆流する津波，津波から逃げ惑う車の姿まで映し出した。

　被災者は津波の情報をどうやって知ったのか。報道によると，被災者の半数近くはテレビで津波情報を知ったという。2010年2月の南米チリ沖地震の津波が東北地方を襲ったときも，津波警報をテレビで知った人は約70％であったという（石川信「大津波警報その時住民は」『放送研究と調査』NHK放送文化研究所，JUNE 2010）。しかし，外出中の被災者はテレビをみることができない。自宅が全壊し停電している場合も同様である。どうすれば目の前に迫っている巨大津波の存在を彼らに伝えられるのか。

　緊急地震速報を発信したあと地震によって電波が途切れたケータイだが，テレビ塔が地震で壊れていなければケータイでワンセグのテレビを見ることができる。今回は多数の中継局が停波したが，親機のテレビ塔は無事だった。実際に，被災者の中にはワンセグで津波情報を知り避難し助かった人もいる。これまでスマートフォンにはワンセグ機能がなかったが，最近ワンセグ搭載のモデルも登場した。スマートフォンには多数のアプリを簡単に搭載することができる。緊急地震速報を受信した後，自動的にワンセグを立ち上げるアプリがあれば津波情報を伝えることができる。たとえワンセグ機能がなくても，緊急地震速報を受信すると津波情報の確認を呼びかけるアプリ，基地局が無事なら，自動的に避難所への最短ルートをナビゲートしてくれるアプリ，避難場所に移動しない所有者に避難を音声で呼びかけるアプリなど必要なアプリはたくさんあり，一部はすでに実用化されている。

　地震や津波だけでなく，あらゆる災害の緊急速報を伝え，私たちを最後まで守ってくれるメディアとしてケータイは今後さらにその活用方法が検討されるべきだろう。

Column ⑯　「右手で投石，左手で携帯電話」エジプトの民主化運動とケータイ

　エジプトの反体制デモでは「右手で投石，左手で携帯電話」が合言葉になった。彼らはネット上で状況を刻々と報告し合っていた。日ごろから連携を密にした組織的な運動ではない。見知らぬ者どうしが瞬く間に集まり，爆発的な力を生み出す。特定の指導者や英雄がいないまったく新しいタイプの市民革命である（「『フレンド』が友達の意味であるとは誰でも知っている（春秋）」2011年2月20日，日本経済新聞朝刊）。

　2010年にチュニジアで発生した「ジャスミン革命」と呼ばれる民主化運動は，アラブ諸国へ拡大した。Facebookで反体制デモが呼びかけられ，賛同した人々がどこからともなく集まり，「右手で投石，左手で携帯電話」という合言葉とともにその勢いは拡大した。ケータイが民主化運動で利用されたケースはこれまでにもあった。たとえば，2001年，フィリピンのエストラーダ元大統領を退任に追い込んだ反体制運動はケータイのSMS（ショート・メッセージ・サービス）で呼びかけられ，デモの動きもケータイで誘導された。これらはH. ラインゴールドがスマートモブと呼ぶ現象の1つである。

　インターネットで集会を呼びかける現象はフラッシュモブと呼ばれてきた。インターネットで動員された大勢の人が公共の場に突如出現し，台本に従って馬鹿げた行動をし，そして現れたときと同じく唐突に霧散する。たとえば，2003年9月1日にニュージーランドのオークランド市にあるハンバーガー店に突然200人もの人が押しかけ1分間にわたって牛の鳴き真似をした後，突然立ち去った事件があった。最近では動画サイトにこのようなフラッシュモブの動画が多数掲載されている。

　これらは，都市空間を舞台にした新しいパフォーマンスであり，「右手で投石，左手で携帯電話」というスローガンは，モバイル・インターネット社会における社会現象の特徴をよく示している。これまで人々は都市空間では消費者であり観客でしかなかった。インターネ

ットとケータイは，そんな私たちを主役にしてくれるのである。アラブ諸国の民主化運動は，特定の人を指導者や英雄にするのではなく，まさに国民1人ひとりを主役にすることで大規模化したのである。

第9章

ケータイと監視社会

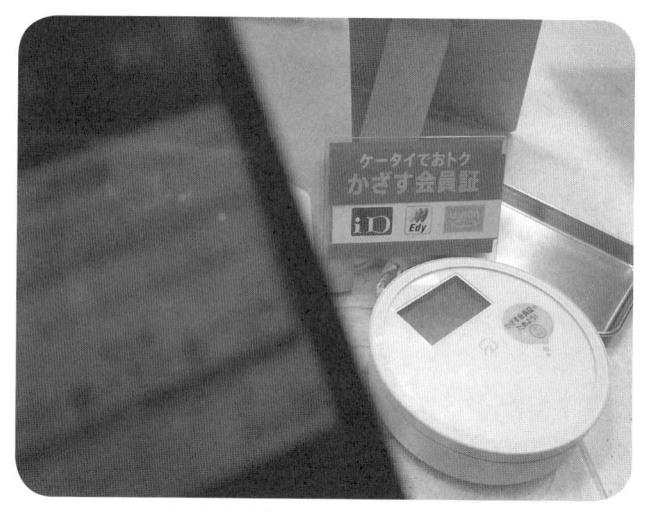

ケータイの活用はおトクだけれど……?

> ケータイはいろいろな情報行動に1台で対応可能な統合情報端末として高性能・多機能化し,今では他者とのコミュニケーションに留まらないさまざまな目的に使われている。日常でのケータイ利用が広がるにつれ,ケータイを通じて交換・蓄積される個人情報も増えていて,その取り扱いについての問題が表面化してきている。本章では,ネットの日常的な利用が進む現在の状況から,多機能ケータイに期待されている役割と情報管理について考えていく。

1 ケータイ利用の日常化とプライバシー

ケータイと個人情報

　もっとも身近な情報機器のひとつであるケータイの中には，メールや写真，電話帳のデータ，通話やネット閲覧の記録などといった，さまざまな情報が蓄えられている。こうした情報の中には，利用者個人の私生活と密接にかかわる情報が含まれている。たとえば，メールや電話帳のデータからは交友関係がみてとれるし，ネット閲覧の記録やブックマークからは利用者の趣味や嗜好がうかがえる。だから，これらの情報が他人の眼に不用意に晒された場合，私生活の自由を保障するためのプライバシー権が侵害される可能性がある。こうした危険に対処するため，ケータイ端末には暗証番号や指紋認証などによるさまざまな情報保護の仕組みが組み込まれ，利用者が自分の基準でケータイに保存された自分や知人の個人情報を管理できるようになっている。ケータイを使う場面が拡大したことで，覗き見防止フィルムのような別売のグッズを利用する人も増えてきた。

　ケータイによるコミュニケーションが一般化した現在，他人にケータイ端末を操作されたり覗かれたりすることで生じるプライバシー侵害については，多くの人が注意するようになってきている。しかし，ネットの利用が日常化していく中で電子化されていった個人の情報を，どのように管理・運用し，プライバシーの侵害を防ぐのかという問題についての議論は，まだまだ混乱が続いている。

個人認識と個体識別——似て非なる2つの概念

　プライバシー権を保障し，自分の私生活をみだりに公開されたり不当に干渉されたりすることを防ぐには，実社会で生活している生

身の「私」に関する情報を流通させないことがもっとも効果的である。しかし，実際問題として，私たちに関する情報は，現在さまざまな形で電子化されていて，そうした個人情報を私たち自身が管理していくことにも限界がある。このことを受けて，データベースに収集された個人情報に関して，各個人に情報のコントロール権を保障するために，個人情報保護法が制定された。2005年4月に全面施行されたこの法律では，個人情報を「生きている人に関係していて，そこから個人を特定できる情報」と定義し，その利用や保護に関する原則を定めている。逆に言うと，生きている個人が特定できない情報は，この法律では個人情報として扱われない。しかし，特定の情報から生きている個人が特定できるかどうかは文脈や条件によって変わってくるため，この定義は個人情報の規定にある種のあいまいさをもたらした。このことが，現在，ネットなどでの個人情報の利用範囲とプライバシー保護をめぐる議論に，混乱をもたらす要因になっている。

たとえば，実名，住所，電話番号や，免許証や会員証の番号といった実社会で生活している個人を簡単に特定できる管理番号を含む情報は，個人情報である。しかし，こうした決定的な情報を含まない情報群は，その内容によって，個人情報であるかどうかの判断が変わる。誰かが，筆者の今日の昼食の内容を「新潟大学人文学部に所属する30代の男性教員のお昼ごはん」として収集したとしても，この条件にあてはまる人物は複数存在するので，この情報は個人情報にあたらず，プライバシーも侵害しない。このように，対象をある程度特定できる内容を含む情報でも，生身の「私」が特定できないものは，個人情報とみなされない。このような，それだけでは個人を特定できないが，対象についてある程度具体的に識別できる情報要素を，属性情報という。属性情報は，たとえば，マーケティン

グの分野で，利用者の動向を分析し商品やサービスの提供方針を考える場合などに活用されている。コンビニを筆頭に現代の経済活動を支える POS（Point of Sale：販売時点情報管理）システムは，属性情報を収集・活用するシステムの代表例である。特に，ポイントカードや電子マネーと連携した POS システムでは，会員情報から必要な属性情報を切り出して利用しているため，そこでプライバシー侵害が生じる可能性が懸念されている。

電子化される「個人」

　ネット社会の現在，私たちは実社会に生きている生身の「私」としてではなく，情報システムに記録されたデータの集まりとして識別されることが多くなっている。こうした情報システムは，社会の情報化にあわせて個別に電算化されていったため，データとしての「私」は，情報システムごとに独立した個別番号で管理される，ばらばらで部分的な存在という形で表現されることになった。

　たとえば，コンビニでポイントカードを使って買い物をすると，ポイントカードシステムには，各個人の購買履歴がカードの会員番号に紐づけられて記録されていく。定期券や IC カードで交通機関を使えば移動の履歴が，ケータイからケータイ小説や音楽配信サービスを利用すればその閲覧状況が，それぞれのシステムに，カードやケータイの管理番号とともに記録されることになる。こうした情報には，個人の行動傾向や趣味，嗜好などが色濃く反映されている。日常のさまざまなサービスのほとんどが電子化されつつある現在，もし，システムごとに独立して管理されている情報群から特定の個人に関する情報を寄せ集める，いわゆる「**名寄せ**」ができたなら，システムに記録された個人情報群だけで，その個人を電子的に再構成することも難しくない状況が生まれつつある。そのため現在では，

あちこちの情報システムに分散した個人の情報をどう管理していくかが，個人情報とプライバシーをめぐる大きな課題になっている。

監視とみまもり

　個人情報を守り，プライバシーを侵されないようにしたいという欲求の背後には，誰かに監視されることへの不安がある。たとえば，犯罪などの脅威がなく誰もが安全で幸せに暮らせる理想郷（ユートピア）の実態が，権力やシステムが個人の生活のすみずみまでを監視しわずかの逸脱も許さない不幸な管理社会だったというストーリーは，避けるべき未来として絶望郷（ディストピア）を描くSF小説などの定番設定である。こうした世界では，社会の秩序と市民の安全を守るために発達した機械の眼が，すべての人々に「逸脱するな，従え」という圧力をかけ続け，思想を統制し，個人から自由を奪っていく悪しきものとして描かれる。

　しかし，実際には，私たちの社会は，監視の仕組みなしには維持できない。たとえば，行政や司法といった仕組みから防犯のための町内見回りまで，官民それぞれが提供するさまざまな監視の仕組みが日常の生活を支えている。このことを，M. フーコーは『監獄の誕生』でパノプティコンという概念を使って説明した（フーコー 1977）。パノプティコン（一望監視システム）とは，J. ベンサムが18世紀に考えた，中央に高い監視塔をもつ円形の監獄システムである（図9-1）。この監獄システムは，監視者はつねに囚人の姿を見ることができるが，囚人からは監視者の姿を見ることができないようにつくられている。この構造は，囚人に中央の塔から監視されているかもしれないという緊張を与え続け，つねに監視の眼を意識するように仕向けていく。その結果，囚人は実際に監視されているかどうかに関係なく，つねに自分で自分を律するようになっていく。フー

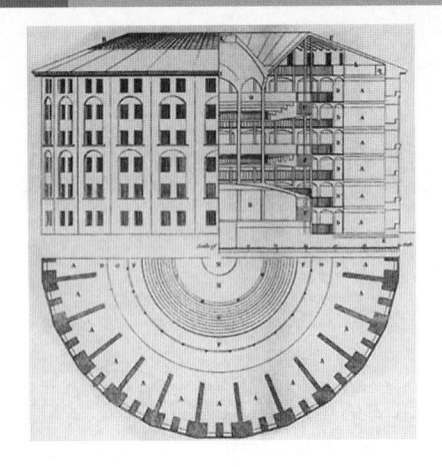

図9-1 ベンサムの描いたパノプティコンの構想図面

コーは、自分で自分を監視するという自律の構造が社会の規範や法律、さらには教育システムの中にもあると指摘し、現代社会では自律の構造が社会的に教育されていて、権力支配が人々の中に、規律訓練型権力という形で自動化・内面化されていると述べた。

監視の仕組みが恐怖や不安につながるのは、それが行きすぎて個人の存在や自由を脅かすと感じられたときである。普段から監視の仕組みを気にする人はそう多くないし、逆に、社会秩序や個人の安全を維持するため、人々が適切な監視を求めることもある。たとえば、1990年代後半には、社会の個人化や匿名化が進んで、人々の間に治安悪化への漠然とした不安が高まったことを受けて、街頭監視カメラや無人監視システムといった公的な防犯システムをはじめ、さまざまな監視の仕組みが提供されていった。このような、他人にみまもって＝監視してもらうことで自分の安全と安心を確保しようとする動きは、1990年代後半から現在まで続いている。監視カメラやセンサーを使って自宅を警備するホーム・セキュリティの契約

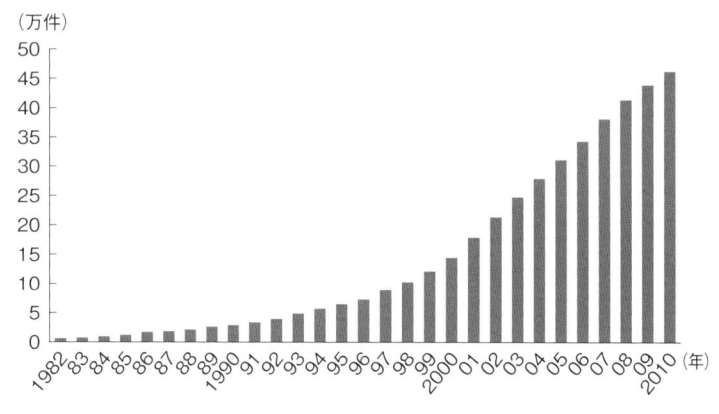

図9-2　「セコム・ホームセキュリティ」の契約件数の推移

(出所)　セコム株式会社「報道資料2010年度版」

も1990年代後半から現在まで、急激に伸び続けている（図9-2）。このほか、キッズケータイのように、ケータイやPHS、GPS端末が提供する位置情報を使って、老人や子どもといった社会的弱者、あるいはペットや自動車などが思わぬトラブルに巻き込まれないように「みまもる」サービスにも注目が集まっている。近年では、ミクシィやFacebookなどのSNSやブログ、あるいはTwitterなどを通じて自分の行動記録を一般に公開するライフロギングを、みまもられる行為の一種として、積極的に行っている人も出てきている。

監視の相対化と自己呈示

　カメラ画像や位置情報がケータイやスマートフォンから手軽に扱えるようになったことは、ネットと現実社会の関係性に新しい状況をもたらした。スマートフォンのブームは、ライフロギング、位置情報を活用した各種の「位置ゲー」、第8章でみたAR（Augmented Reality：拡張現実）系のゲームやサービス、自分の現在位置をメッ

セージにのせて発信するイマココ系のサービスなど，私たちの実生活や実際の場所と連動したネット利用の拡大に一役買っている。偶然遭遇した有名人や事件，ハプニングを手元のケータイやデジタルカメラで記録し，それを知人に見せたりネットに投稿したりすることも，ケータイの普及とともにあたりまえの行為になってきた。こうした行為を通じて，今日，生身の「私」の断片は，情報システムではなく，私たち自身の手によって，電子的に記録されるようになっている。それとは別に，治安対策のために設置されている防犯カメラに自分から積極的にうつりこむことで自分の存在証明を行ったり，事件の被疑者が自らの無実の証明に監視カメラなどの記録を利用したりするといった事例も出てきている。私たちは今日，状況に応じて，監視される側と監視する側の二役を演じ分けるようになっている。このように，監視の主体が相対化し不明確になった状況は，M. ポスターが『情報様式論』で提唱した「超パノプティコン」（ポスター 2001）や，G. ドゥルーズが『記号と事件』の「追伸——管理社会について」で提示した，自律社会の後に来る「管理社会」といった考え方にもつながっていく（ドゥルーズ 2007）。

2 現代社会と「匿名性」

監視の仕組みはなぜ必要なのか

現代社会で監視の仕組みが求められることには，都市化が進んだことで，大多数の人が，お互いに何の関係ももたない匿名の他人として存在している点も強く影響している。現代の都市社会では，会う人すべてと知り合いになり，互いに信頼関係を築くことはできない。だから，現代社会では，第8章でふれた「儀礼的無関心」など，お互いがよく知らない他人のままでもうまく折り合っていけるよう

な仕組みが必要になる。生活のさまざまな場面でもシステム化と自動処理がすすみ、自分の情報を不必要に他者に晒さずにすむ状況が整えられてきた。今では、セルフレジやネット通販といった仕組みを使えば、買い物すら、他人と対面することなく機械の操作だけで完了できるようになっている。

　もちろん、実際の生活のすべてを、個人情報をまったく開示しない完全に「匿名の誰か」の状態のまますごしていくことはできない。たとえば、銀行で預金を下ろしたり、ネットでチケットを予約したりするときには本人証明が欠かせない。ポイントカードや電子マネーを利用すれば、どこのだれが買いものをしているのかが明らかになる。つまり、現代社会は、さまざまな社会システムに個人情報を預け、それらに自分を認証してもらったり他者の信頼性を保証してもらったりすることで維持されている。監視の仕組みは、こうした匿名性を前提とした現代社会の構造を維持・保証するために欠かせないものである。

ネット上の「私」

　第8章でみたように、情報通信の発達は、私たちに「インティメイト・ストレンジャー」という、それまでなかった新しい関係性をもたらした。ネット上での「私」は、システムごと、アカウント別に用意された管理コードやニックネームといった電子的な記号で識別される。そのため、ネット上の私たちは基本的に、実社会で生活している「私」とは結びつかない匿名の状態で、他の人たちと向き合うことになる。実際、ネット上で本人証明を行うことは簡単なことではない。たとえ、本人が実名でネットを利用していたとしても、その「実名」を名乗るネット利用者が、間違いなくその戸籍名をもつ当の本人であるということは、まったく証明できないのである。

だから，メル友などといった，ネット上ではじめて知り合った相手との人間関係では，氏名や住所，職業などといった，相手が把握していない自分の社会的な属性をどう処理するかは，各個人の判断に任されることになる。何も飾らず，何も隠さず，生身の「私」とまったく同じにふるまってもいいし，現実社会で感じているコンプレックスやしがらみにしばられず，普段の自分から一歩踏み出してみてもいい。さらに言えば，生身の「私」とは無関係な独立したネット人格を演じてもよいのである。

しかし，実際にネット上でコミュニケーションを行っていけば，ネット上の「私」を生身の「私」から完全に切り離しておくことは難しくなってくる。多くの人にとって，ネット上での情報交換や趣味の交流は，程度の差はあるにしても，各個人の社会活動や生活，あるいは興味関心と連動したものになる。また，他人とコミュニケーションをとる場合，自分の好みや目的といった私的な情報を必要に応じて開示していかないと，話はある程度までしか深まらない。このように，ネット上の「私」には，大なり小なり，実社会の「私」とのつながりが生じることになるため，私たちは，自分の個人情報をネット上でどのように提示し，また，隠すかについて，つねに意識しておく必要がある。2000年代半ば頃から，TwitterやブログSNSなどでの，未成年の飲酒や喫煙，自転車泥棒，カンニングや論文代筆などを行ったという不謹慎発言，店舗従業員による有名人のプライバシー暴露，あるいは他者への誹謗中傷が発端となって，書き込みをした本人の個人情報がネット上で詳細にまとめあげられる，いわゆる「晒しあげ」が幾度も問題になってきた。こうしたトラブルのほとんどは，書き込みの場の特性や流通させる情報の公私の境目といったことを深く考えず，不用意な発言や個人情報の提示を行った結果として発生している。

3 　認証装置としてのケータイ

電子商取引と本人認証

　ネットの「私」に関する本人証明が簡単ではないことは，ネット通販やオークションをはじめとする金銭処理をともなうネット利用，特に個人を相手にした電子商取引で大きな問題となる。商取引は，商品を買った相手が代金を請求する相手と一致することが証明できなければなりたたない。ウソの情報を登録されて商品をだまし取られては困るし，なりすましなどで他人に誤請求が発生すればそれこそ一大事になってしまう。だから，ネット上での商取引では，取引相手をきちんと確認できて，さらに，取引の際にやりとりされるクレジットカード情報や住所，氏名といった機密情報の安全性が確保できる仕組みが必須になる。インターネットは，性善説の立場をもとに開発された基本的にオープンな通信環境で，悪意をもって使われることへの対策がほぼ考えられていなかったので，通信内容の傍受や盗聴，書き換えを防ぎ，なりすましの危険性を排除するためには，通信の暗号化などの仕組みを後づけで整える必要があった。暗号通信環境や各種の電子決済の仕組みが整い，それらを簡単かつ安価に利用できるようになったのは，2000年代に入ってしばらくしてからのことである。

　インターネットでは，利用者の本人証明を行おうと思った場合，こうした手間がかかるうえに，通信内容などの安全性を，第三者機関と契約して保証してもらう必要がある。しかし，ケータイ・インターネットでは，利用者の本人証明は，ケータイ端末の認証だけですんでしまう。

ケータイ・インターネットという「環境」

　ケータイ・インターネットは，通信事業者が自身で整備した独自ネットワークである。ケータイからネットを使う場合は，基本的にこの「閉じた」ネットワークに接続することになる。ケータイは1人が1台の端末を使うのが普通で，契約するときには，免許証やパスポートといった信頼性の高い身分証による厳しい本人確認が行われている。パソコンのように，複数の利用者が1台の端末を共用することもほとんどない。そして，ケータイ端末の通信は，通信事業者が管理するネットワークを通じて行われるので，なりすましの危険もほぼ生じない。こうした条件がそろっているので，ケータイ・インターネットでは，契約者固有 ID や IMEI（国際移動体装置識別番号）といった，ケータイの契約や端末に紐づけられた固有番号（以下，ケータイ ID と呼ぶ）を確認するだけで利用者の本人確認が行えたとみなせるようになっている。たとえば，ｉモードの公式メニューに登録されている各種サイトで提供されている，ID やパスワードの入力を必要としない「かんたんログイン」は，ケータイ ID で本人確認を行っている典型例である。

　着うたやゲーム，電子コミックといったケータイのコンテンツビジネスが一般に受け入れられた背景には，コンテンツの料金設定や，コンテンツ料金を通信事業者がケータイの使用料金と合わせて徴収する集金代行の仕組みがあるが，それに加えて，コンテンツを欲しいと思ったときにすぐ買える，手軽な決済環境の存在も重要である。決済の際には，なりすましの危険を防ぐために厳重に本人確認をするべきだとはいえ，着メロ1曲をダウンロードするために，ID とパスワードの入力が何回も必要になるようなシステムは，とても手軽に使う気にはならないだろう。この，ほしいものを選んだら数回の「はい／いいえ」の確認だけで決済が完了するというお手軽な決

済環境も，閉じたネットワーク環境とケータイ端末による個人認証の仕組みによって実現されている。

ケータイIDのもつ問題点

　このように，ケータイIDを利用することで，私たちにはさまざまな利便性がもたらされる。しかし，ケータイIDは利用者が任意に変更することができない固定の番号なので，これをカギに使えば，本章第1節で述べたように，特定の個人を電子的に再構成することが簡単にできてしまう。

　ただ，ケータイ・インターネットが完全に「閉じた」環境である場合には，このことは，実質的には問題にならない。ここでは，コンテンツやサービスは通信事業者の構築したネットワークの中で提供されて，利用料を通信事業者が代行徴収するので，コンテンツ提供者は，ケータイIDだけを把握して利用料を請求すればよい環境が構築されている。通信事業者は，電気通信事業法第4条によって通信の秘密を守る義務を課せられているので，コンテンツ提供者にケータイ利用者が何者であるかといった情報を知らせることは基本的にない。だから，ケータイID単体から，そのケータイIDの利用者の生身の「私」を特定できるのは，ケータイの契約情報をもっている通信事業者だけになる。そのため，コンテンツ提供者がケータイIDをカギにして閲覧や利用の履歴を収集し，コンテンツ利用者の人格を電子的に再構成したとしても，利用者本人が自分から個人情報をコンテンツ提供者に呈示したりしていなければ，その人格は利用者の生身の「私」に結びつかず，個人のプライバシーも侵害しないことになる。このように，ケータイIDには，通信事業者から見た場合，IDそのものが個人情報保護法の定義する個人情報の要件を満たすが，契約者情報をもたないそれ以外の人々から見た場

合には，IDそのものはその要件を満たさない属性情報の扱いになるという，非常にややこしい状況が存在する。

2011年現在，ほとんどのケータイ端末が，ネットワーク上のサービスからケータイIDを要求されると，標準でこれを発信するようになっている。ケータイIDは，公式メニューにのっていないいわゆる勝手サイトにも同じように提供されてしまうので，ケータイ端末から直接インターネット上のサービスを利用する機会が増えてきた現在，利用者側で接続先や，そこで収集される情報に気を配っておかないと，ケータイIDを悪用されたり，プライバシーを脅かされたりする可能性が出てきている。

フルブラウザ・スマートフォン時代を迎えて

インターネットの利用が拡大するにつれて，利用者の動向や閲覧履歴を監視し，それをマーケティングに活かそうとする動きが活発になってきた。パソコン向けのウェブサービスでは，ブラウザに一時的にデータを保存させるCookieの仕組みを使って，利用者を追跡するための識別番号を発行し，それをサービス側でチェックすることが一般に行われている。Cookieの仕組みそのものは，利用者の登録したニックネーム，最終ログイン日時，ページの表示スタイルといった情報の保存や，ネット通販サイトのショッピングカート管理などでも利用されるので，この機能を無効にしてしまうとネットの利用に不便が生じてしまう。そこで，パソコン用のウェブブラウザでは，プライバシー保護のために，サイトごとにCookieの利用可否を決めたり，保存済みのCookieを任意のタイミングで削除したりといった，利用者が自分の情報を主体的に管理できる機能が提供されている。しかし，「閉じた」ネットワークでのコンテンツ利用が中心だったケータイやスマートフォンでは，プライバシーに

関わる情報のやりとりを管理する機能は重視されてこなかった。ケータイ ID が標準で発信されているのは，その最たる例である。こうした状況の中，ケータイやスマートフォンでブラウザやアプリケーションを使っている際，コンテンツやアプリの利用と直接関係しない，ケータイ ID や利用者の年齢，性別，現在位置といった情報が，マーケティングなどの目的で，利用者側に知らされることなく背後でひっそりと収集される事例が多数存在し，プライバシー保護の観点から問題となっている。

その一方で，個人の私生活や主義信条を構成する情報の一部を必要に応じて公開していくことが，よりよいサービスの提供につながる事例も増加している。たとえば，グーグルは現在，位置情報の利用を許可した状態でコンビニ名などを検索すると，現在位置に近い検索対象の情報を優先的に表示するようになっている。購入履歴や商品のチェック状況からおすすめの商品や類似する関連商品などを提示してくれるネットショップのリコメンド機能は，自分から積極的に情報を登録することで，より適切な情報を提供してくれるようになる。Amazon の「持っています」リストによそで購入した商品を登録しておけば，おすすめ品に自分の興味に沿ったものが出てくる率があがる。こうした機能を，見張られているようで不快だと感じるか，利便性があがってうれしいと感じるかは，各個人のプライバシー観やサービス提供者への信頼によって変わってくる。

ネット社会が発展してゆけば，私たちがより詳細な個人情報の呈示を求められる機会はさらに増えるだろう。そこでは，自分の秘密に深く関わる個人情報（センシティブ情報）をしっかり守ることが重要になってくる。ネット社会の現状は，強大な権力に管理・統制される伝統的な監視社会ではなく，誰もが監視者として機能し，同時に監視される対象にもなるという複雑な監視社会になっている。サ

ービスが求める情報の内容に気を配りながら、サービスを利用することで得られる利便性と生じうる問題を天秤にかけ、状況に即した判断をすることが、これからますます重要になってくるのである。

引用・参照文献

ベック，U., 1998『危険社会——新しい近代への道』（東廉・伊藤美登里訳）法政大学出版局

ドゥルーズ，G., 2007「追伸——管理社会について」『記号と事件——1972-1990 年の対話』（宮林實訳）河出文庫

遠藤薫，2008「リスク社会と監視社会——安心・安全のパラドックス」『学術の動向』13（11）(http://www.h4.dion.ne.jp/~jssf/text/doukousp/pdf/200811/0811_2934.pdf にて閲覧可能)

江下雅之，2004『監視カメラ社会——もうプライバシーは存在しない』 講談社（品切中）

フーコー，M., 1977『監獄の誕生——監視と処罰』（田村俶訳）新潮社

浜井浩一，2004「日本の治安悪化神話はいかに作られたか——治安悪化の実態と背景要因（モラル・パニックを超えて）」『犯罪社会学研究』29

石井夏生利，2008『個人情報保護法の理念と現代的課題——プライバシー権の歴史と国際的視点』勁草書房

岡村久道，2011『情報セキュリティの法律〔改訂版〕』 商事法務

ポスター，M., 2001『情報様式論』（室井尚・吉岡洋訳）岩波現代文庫

読書ガイド

●ライアン，D.『監視社会』（河村一郎訳）青土社，2002 年

情報化社会ではなぜ監視の仕組みが必要であるのかについて、社会と技術の両方の論点から説き起こした書籍。「監視社会」は現代の社会について考えるうえで欠かせないキーワードのひとつであり、さまざまな議論の出発点として、本書に目を通しておくことが望ま

しい。
- ●三上剛史『社会の思考――リスクと監視と個人化』学文社，2010年

現代の社会と個人のあり方についての議論を整理し，現代社会を生きていく中で出会う可能性のある危険性（リスク）を中心軸において，希薄化する社会とその中での個人の姿を明らかにしている。監視がなぜ欠かせないのかといった問題を考えるうえでも参考になる書籍である。

Column ⑰ 架空の物語が提示するもの

　映画や小説などでは，絶対的な権力システムが，機械を使って人々の日常をくまなく監視し，特定の価値観に従わせる管理社会の恐怖がしばしば描かれる。G. オーウェルのSF小説『1984年』(1949年) や，『ブレードランナー』(1982年)，『マトリックス』(1999年) といった映画はその代表例だ。『1984年』に登場する「ビッグ・ブラザー」は人々に強い印象を与え，今では中央集権的な情報管理・統治システムの代名詞になっている。情報メディアやコンピュータ，そしてネットワークの発達は，人々に「機械の眼」に基づいた効率的な権力統治の可能性を予想させてきた。そのイメージは，1950年代前後におけるファシズムやナチズムといった全体主義体制の記憶や共産主義の台頭への不安，1960年代～70年代における東西冷戦の激化や若者を中心とした対抗文化の発展といった時代ごとの背景と結びつきながら，多くの作品に脈々と反映されてきた。R. ブラッドベリは，小説『華氏451度』(1953年) で機械ではなく市民の相互監視と密告が秩序と平穏を守る社会を描いたが，ここでも，権力が特定の価値観に人々をしばりつけ，そこから逸脱しかねない思想や言論，行動を徹底的に排除する全体主義的な構造はかわらない。

　こうした監視の状況は単なる絵空事ではなく，今日の社会に実在するものとなっている。中国のインターネット検閲システム「防火長城」や，アメリカが20世紀半ばから構築し続けているとされる全世界的な通信傍受システム「エシュロン」はその一例だ。オーウェルが『1984年』で訴えた反全体主義の主張が，スターリン主義への批判であると同時に資本主義の悲観的な行く末に対する警鐘でもあったように，監視と管理の問題は，軍事独裁政権や共産主義体制だけではなく，民主主義の社会でも生じうる。犯罪などの社会的な問題に対応するための監視は，行きすぎれば簡単に全体主義的な状況につながるのである。現代社会には，私たちを管理・監視する人工知能も中央制御コンピュータも存在しないし，第9章でみたように，監視の主体も相対化しつつある。だが，SFなどの物語が訴える社会状況への批判や警鐘に目を向けることには，今なお一定の価値がある。

Column ⑱　治安悪化神話

　さまざまな世論調査によれば，1990年代半ば頃から人々が治安の悪化を強く感じているという。その理由として，バブル景気の崩壊とその後の長期不況の影響で，車上あらしやひったくり，空き巣といった身近な場所での犯罪が増えたことや，家族や地域の人間関係が希薄化したことなどが挙げられる。また，マスコミが学校や職場でのいじめの深刻化や凶悪犯罪の発生を大々的に報じることや，周囲に外国人労働者が増えたと感じていることの影響なども指摘されている。この状況に対処するため，2003年12月には，犯罪対策閣僚会議が「世界一安全な国，日本」の復活をめざして，犯罪に強い社会の実現のための行動計画を策定した。また，地域住民による自主パトロール，民間警備会社の個人向けサービス，防犯を重視したゲーテッドコミュニティなどへの関心も高まっている。

　しかし，浜井（2004）をはじめとする複数の議論は，こうした治安悪化のイメージは，実態と異なる創り出された幻想＝「神話」にすぎないと指摘している。『犯罪白書』や『警察白書』が報告する日本全体での犯罪件数は，たしかに以前よりも増加している。しかし，そうした白書の中身をよく読めば，増加した件数の大半がいわゆる自転車泥棒であって，窃盗以外の重大事件の発生件数には目立った変化はないことが見えてくる。また，厚生労働省がまとめる人口動態統計を読めば，殺人や暴力事件によって亡くなった人の数に，目立った変化はないことも見えてくる。ここで，犯罪の総認知件数の増加は，警察の啓蒙活動などによって，これまで被害者が泣き寝入りしたりして未届けになっていた犯罪被害の「暗数」の一部が明らかになってきたことの反映と考えられる。同様に，検挙率の数値的な低下は，警察が軽微な犯罪検挙より重大事件の捜査などに注力するように活動方針を転換したことの影響だと考えられる。つまり，数値的な犯罪件数の増加は，私たちの生活や生命を脅かすような深刻な治安悪化を示すものではないというのが，治安悪化「神話」論者の主張だ。

　こうした治安悪化「神話」論を，「統計的根拠を盾に，異常な犯罪が発生した事実を無視する暴論だ」と批判する人もいる。しかし，犯

罪にあう可能性のすべてに備えることもまた非現実的だ。住みよい社会の実現には，社会や周囲の状況をできる限り自分自身で確認して，警察などの活動や自衛・自警が行きすぎないようにバランスを考えていく姿勢が重要になってくる。

引用・参照文献

浜井浩一，2004「日本の治安悪化神話はいかに作られたか——治安悪化の実態と背景要因（モラル・パニックを超えて）」『犯罪社会学研究』29

第 10 章

ケータイの流行と「モビリティ」の変容

自転車に乗りながら,ケータイを使う若者のスタイルは,便利と危険の間で揺れている。これは正すべき悪習か,新しい文化か?(藤本 2003)

introduction

　　シーズンごとに,ファッショナブルな「流行最先端」機種が新発売される,日本のケータイ事情。そのトレンドを追いかけたり,批判したりする前に,まず「流行」の意味を考えてみよう。また,モノだけでなく,ことばや社会の流行りすたりの中には,一過性の「流行」を超えた,大きな思想の変化もありそうだ。そして今も刻々と,私たちの目の前で,「ケータイすること」や「モビリティ」の意味が,絶え間なく変わりつつあるとしたら……。

1 モノの流行学と考現学

流行るモノ,流行らないモノ

「やっぱり流行りモノといえば,■■だよね〜」

「そうそう! その流行の最先端いってるのが,○○社の新商品××さ!」

「いや,私は△△社の□□が,今いちばんキテルと思うけど……」

どこにでも,ありそうな何気ない会話だが,社会学の視点から見ると,簡単に聞き流せないものがある。

手始めに,練習問題として上の会話の■■を,別の身近な事物を表す名詞に置き換えてみよう。そうすると,置き換え可能なモノと,置き換えできないモノがあることがわかる。

たとえば,置き換え可能なのは,洋服,コンビニ,クルマ,ケータイなど。

逆に,置き換えできないのは,パジャマ,スーパーマーケット,公衆電話,冷蔵庫など。

両者の違いが何かといえば,前者が流行の先端ジャンルにある事物(サービス含む)を指すのに対し,後者が流行遅れあるいは,流行と無縁のジャンルにある点である。では,それを区別する根拠や理由はといえば,「特にない」か,「ただなんとなく」というのが正直なところだろう。実際,後者のモノが,流行の先端と考えられていた時代も過去にはあったのだから。

また流行の先端にあるはずの洋服に対して,「いつから流行ってるの?」と聞くのは愚問だ。少なくとも,ここ百年くらい「洋服はずっと流行ってる」のだから。歴史的に見れば,「流行っている洋服」のほうが,「流行ってない冷蔵庫」よりずっと古い。たとえば

日本初のミニスカートのほうが，日本初のツードア冷蔵庫より古い歴史をもつが，なぜか「20XX年はミニスカートが流行」と言えても，「20XX年はツードア冷蔵庫が流行」とは言えない。

流行研究における質と量の2側面

そもそも流行とは何か？　よく言われるように流行の基準は普及率，すなわち全員に占める所有者・使用者の割合だろうか。では，実際にアンケートなど量的調査を行ったとしよう。ただし得られたデータを分析する際，いかなる観点から見ても，何％以上なら流行っていて，何％以下なら流行っていない（すたれている）という実感はないし，客観的基準もない。極端にいえば，新しいオモチャをねだる子が口にする魔法の呪文「ねぇねぇ，○○買ってよ！　うちのクラスでは，もうみんな持ってるんだよ！」というときの「みんな持ってる」と，「今，流行っている」とは，表現レベルの精密さにおいて大差ない。

次に，モノの流行の量的調査を補う意味で，質的調査を行う。たとえば，人通りの多い街角に立って，実際に1時間に通る，ミニスカート姿の通行人を数え上げて，すべてスケッチしてみよう。ついでに，その通行人の許可を得たうえで，「なぜ今，着用しているか」「現在，何着持っているか」「どういう機会に着るか」「いつ頃から流行を意識しているか」などを直接たずねる街頭インタビューをしてみよう。そうすると，客観的基準には至らないまでも，流行の実態がリアルに実感されてくる。

これらの方法は，古代遺跡を調査する考古学に対して，「**考現学（モダノロジー）**」と呼ばれ，特に日本ではよく用いられる手法だ。世界的にみると，社会学や人類学において，日常的な風俗・習慣を記録する「民族誌（エスノグラフィ）」として知られる調査方法に含

まれるが，よりビジュアルな記述を重視する点に特徴がある（藤本 2010）。

古くは 1920 年代アメリカで，シカゴ学派と呼ばれる社会学者たちが，みずから不良青年やギャング団の一員として集団内部に入り込んで，その実態を明らかにする鮮やかな成果を挙げた。また日本では，建築家・今和次郎が関東大震災（1923 年）に接して，仮設建築（通称バラック）設営のボランティアのかたわら，東京が再生していく過程をスケッチした画期的な業績を，その起源とする。

この方法の長所は，具体的な事物に沿ってリアリティに富んだ記述を得られる点だが，欠点としては統計データとしての信頼性に乏しい点だ。数十から百単位の事例観察には向いているが，数千から万単位を超えるサンプル数には手が届かない。また，得られたサンプルは通行人や遭遇者などに限定されており，サンプリングや標本抽出は正確さを欠く。あくまで量的調査との相補的な利用が望ましい。

「寝室地図」調査に見るケータイ考現学

さて，そのうえで，筆者自身が過去 20 年にわたって実施してきた「寝室地図」調査，特に「眠り小物としてのケータイ」に焦点を当て，大学生を調査対象とした考現学調査を紹介しよう。ここでいう「寝室地図」とは，自分の寝床を中心に分布する人や物（動植物を含む）の位置と姿勢を，インフォーマント（大学生）自身が自分で「眠る私」をスケッチしたり，写真撮影を行って記述していく地図である。また「眠り小物」とは，「眠る私」を中心にして周囲に分布する，可動式の睡眠用グッズや環境を指す。小はアロマの小瓶から大は人体より大きなヌイグルミまで含む，「お気に入りの寝床周り持ち込み品（sleeping mobile favorites）」といえよう（藤本 2003）。

図 10-1　寝室地図とケータイ

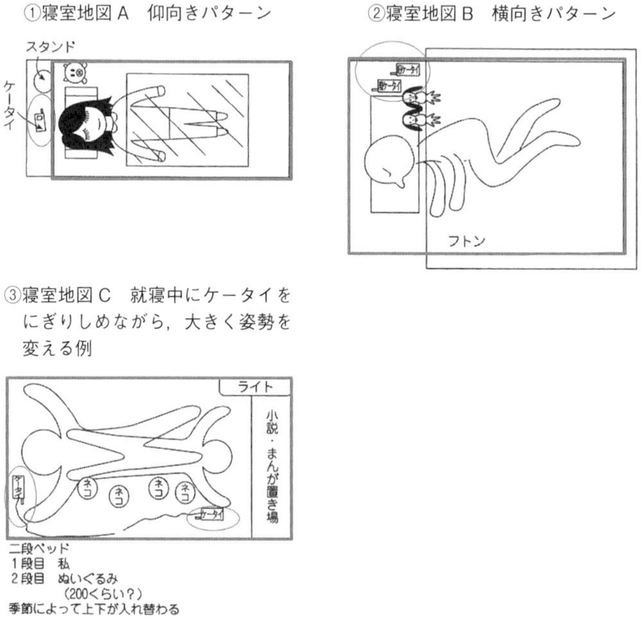

①寝室地図 A　仰向きパターン　　　②寝室地図 B　横向きパターン

③寝室地図 C　就寝中にケータイを
　　にぎりしめながら，大きく姿勢を
　　変える例

（注）　学生インフォーマントによる描画調査に基づく。太線の長方形はベッド，
　　　円はケータイの所在を示すべく，筆者が記入。
（出所）　藤本 2008。

　調査を開始した1993年当時，音楽プレイヤーや目覚まし時計と比べて，固定電話（親機・子機問わず）は枕元にはなく，むしろ「眠る私」を中心とした同心円的な王国地図の辺境（足元や寝室の片隅など）に位置していた（藤本 1993）。それに比べると，当時，流行の兆しを見せ始めたポケベル（ペイジャー）は，枕元や手のひらの内にあり，「眠る私」の王国のもっとも柔らかな最奥部に位置していた（藤本 1999）。当時，ケータイはまだ普及率が低かった。

　それに比べて2008年の調査（藤本 2008）では，ケータイが，ポ

1　モノの流行学と考現学

ケベルや音楽プレイヤー，目覚まし時計の機能をすべて統合する形で，「スーパー眠り小物」として，「眠る私」の中心にある。対抗できるのは，ぬいぐるみや生身の家族，ペットだけかもしれない。このように，ケータイが昼間だけでなく，夜も所持される必須アイテムである事実が，「寝室地図」考現学調査によって，リアルに浮かび上がった。昼夜とも使用可能な「眠り小物」という意味で，現代日本人のケータイは，漫画『ピーナッツ』に登場する「ライナスの安心毛布」と，文化的・社会的に等価であるといえよう。

ある意味で，インフォーマントによる生活記録（ライフログ）ともいえる本調査は，寝室という外部観察者の目が届かないプライベート空間におけるケータイの動態を知るには最適の方法であった。またアンケートなど量的調査の対象とするには，「眠り小物」は言語による定義やカテゴリー化が難しいため，スケッチや写真による直観的記述は，きわめて有効な手法であった。たとえば，国際比較を行った際，アンケート調査で「わが寝室に眠り小物なし」と回答したアメリカ人の「寝室地図」には，聖書やピストルが描かれており，比較文化・社会的研究の端緒となったのである。

2　移動と携帯の「パラダイム」交代

「ケータイ」を指すことばの変遷

　流行といえば，モノだけでなく，ことばにも流行の移り変わりがあり，時代ごとの意味の変遷がある。

　たとえば，ケータイを意味する中国語として，1990年代には「大哥大」（大きな兄貴の大きな機械），90年代末から2000年代にかけては「小姐小」（若い娘の小さな機械）と呼ばれ，最近では即物的に「手机」（手に持つ機械）と呼称が変わる，流行りすたりがあった。

英語でも，"cellular phone"（セルラー通信方式の電話）と"mobile phone"（携帯できる電話）の間で，今も呼称がゆれ動いている。

　ここでは，最後に挙げた"mobile"（あるいは名詞形の"mobility"）という英単語の変遷を，流行の顕著な例としてとりあげてみたい。この単語の意味変容は，単なる一過的な流行にとどまらない。時代ごとの話者がそのつど，この単語を「文（テキスト）」や発話に埋め込んで使用する際，その意味を裏支えする意識や社会など「文脈（コンテクスト）」の全体的な変化をともなっている。

　まず，"mobile"の一番古い意味は，「動産」という意味であった。すなわち，家や土地などの不動産に対して，転居や移住の際に運べるモノ（家財）のことである。それまで，生まれた土地や共同体に隷属し，家族や個人の私有財産を持たずに生きてきた古代・中世人と違って，近代人は移住・転居する機会が増え，運搬可能なモノ（家財）を持つに至った時代背景がうかがえる。

　次に，"mobile"からは，国境や共同体の垣根を超えた「移住」「移民」や，社会的な地位や階層，所属集団の「移動」という意味が派生する。いずれもいったん「移動」すれば，おいそれとは元に戻れない，不可逆的な「移動」のニュアンスが強い。

　さらに，道路や鉄道など交通の発達によって，転居・移住（一回きりで元に戻らない）だけでなく，家と学校，職場との日常的で可逆的な往来が増すにつれ，"mobile"は「地理（交通）的に移動できる」意味となる。

　新しく登場した交通手段のうち，自動車はその名も"automobile"（自動的，自立的に移動できる）乗物として時代の花形となり，「自動車で移動できる，運べる」という"mobile"の新しい意味が生まれた。現在でも，自動車関連用語や車載グッズに，"(auto)mobile"という形容詞がつけられる。現在，ガソリンのブランド名

として知られる"Mobil（モービル）"などがそれで，"mobile"の意味は，一気に自動車寄りになりつつ，変遷し続けた。

最後に"mobile"は，車載グッズの小型化にともない，「個人の人体，特に手で持ち運べる」意味を誕生させた。ようやく，「携帯できる」という最新流行の意味が生まれたのである（藤本 1998）。

「モービル」対「モバイル」のせめぎあい

その点，今から思えば1980年代後半から90年代に起きた，自動車電話と携帯電話の拮抗関係は興味深い。この時期，単語の意味だけでなく，事実，全世界的な社会現象として「2つのmobile」が激しくせめぎあっていた。

当時から「自動車」と「携帯」の呼称は，いずれも英語の綴りでは同じ"mobile"であり，しかも前者が「モービル」に近い発音に対して，後者は「モバイル」に近い発音という，ほとんど訛りや口癖，誤差に近い，きわめて微妙な差異しかなかった。しかし，この微小な差異が，大きな摩擦を引き起こす。呼称上では微小であったが，現実の公道上では，両者間の意味の歪みやギャップから，深刻な事故が多発したのだ。

かねてからケーブルで車体に装着されていた自動車（モービル）電話は，無線化した後でも，自動車（部品）メーカーとの緊密な連携の下に，「ハンズフリー通話装置」など安全対策が講じられ，自動車と一体的な電話の安全規格がじょじょに構築されつつあった。

しかし，ドライバーの側は，そんなスローな安全対策の構築におかまいなく，自動車（モービル）とまったく連動しない，歩行者用の携帯（モバイル）電話を好んで購入し，どんどん自動車に持ち込んだ。急速な携帯電話（モバイル）普及と自動車電話（モービル）の衰退の結果，ドライバーはケータイ片手の「ながら運転」に及び，

危険事故が頻発する事態を招いた。両者間の意味の歪みを埋めるべく，すなわち「ながら運転」事故を防ぐべく，あらたに携帯電話（モバイル）側と自動車（モービル）側が連携して安全対策を練り上げるには数年がかかり，法整備にはさらに時間を要した。まさに，mobile の意味が変わる分水嶺における，「モービル」対「モバイル」の社会的摩擦であった。

「パラダイム」が交代する

　このように，ことばの意味変容の背後には，人々の意識の変化があり，社会背景の変化がある。しかも，特に指導者や仕掛人がいるわけでもなく，誰も気づかないうちに，ある変わり目の時期（臨界期）を境にして，ことば，意識，社会の布置連関（枠組み）が，丸ごと総体として一挙に変動する。そんな劇的変化を経験した当事者も，臨界期を過ぎ去った後は，そんな新旧交代があったことさえ忘れてしまう。すぐに抵抗なく，変化後の「新常識」になじんでしまう時期（通常期）に移行する。

　この「ことば・意識・社会の総体的な劇的変化」を，科学史家トマス・クーンは「パラダイム・シフト（交代）」と呼んだ（クーン 1971）。

　クーンが挙げた科学史上の例では，たとえばニュートンが「万有引力の法則」を発見してからも，人々はなかなか身近な落下現象の中に引力や重力を実感することはなかったが，臨界期を経た後，しだいに引力や重力のリアリティを体感するようになった。このとき初めて，「パラダイム」が交代したのであり，新学説の登場や決定的実験の観察は，そのきっかけにすぎない。クーンの唱える「パラダイム」とは，「ある集団によって共有された考えの総体」を指し，ことば・意識・社会の同時変化をともなう。この変化は，科学の世

界だけでなく,文学や大衆文化など,あらゆる局面で起きてきたのだ,という。

このクーンの用語を使っていえば,ケータイ登場のはるか前から,すでに"mobile"(モバイル)は数段階の「パラダイム・シフト」を経て,ようやく現在,「最新の常識」とされる考え方が世界的に共有されるようになった。もちろん,全世界を眺めわたせば,この「パラダイム」は一様の濃度で共有されてはいない。国家や文化の事情で,さまざまな地域・社会に固有の歪みやギャップをひきずっており,臨界期の葛藤やせめぎあいを残している。

3 ｜「モビリティ」パラダイムと,「ながら」文化

アーリの「モビリティ」研究

社会学においても,"mobile"を名詞形にしたモビリティ(mobility)概念は,近年,注目されつつある。

アーリが,現代は「モビリティ・パラダイム」のうちにあると指摘するとき,その中には,やはり移動(モービル)と携帯(モバイル)が含まれている。クーンのパラダイム論を前提に,アーリは5つの異なる「モビリティ」の意味の源泉を提示する(Urry 2007)。

① 人々の時空を超えた,肉体をともなう旅行(労働,レジャー,移住などの目的を含む)
② モノの物理的な移動(生産と消費における物流や,プレゼントや土産物におけるモノの移動)
③ 情報媒体を通じた想像上の旅行(その土地や民族のイメージを喚起するマスメディアの影響で起こる)
④ バーチャルな旅行(時空にとらわれない)
⑤ 文字・音声・映像によるコミュニケーション的な旅行(手紙

や電話，モバイル機器による）

　ここでは，モノとヒト，肉体と精神の両面にわたる「モビリティ」の文脈が指摘されている。注目すべきは，ヒトの移動だけでなく，物流や情報通信，バーチャル・リアリティの問題が，すべて「旅行（トラベル）」概念の多面的展開として，統一的に把握されている点である。筆者なりに要約すれば，アーリ流の「モビリティ・パラダイム」とは，「モノ・ヒト・情報・想像力の動きを，旅行（トラベル）という位相の下にとらえる見方」といえよう。

　ただ，「モビリティ」パラダイムには，アーリの指摘していない変容の側面がある。その1つが，「ながら」的な「モバイル」主義，名づけて「ながらモビリズム（Nagara Mobilism）」という新しいライフスタイルの，全世界的な定着である（Fujimoto 2010）。

「ながら文化」の盛衰と，二宮金次郎像

　かつて若者の生態をあらわす，一種の流行語として，「ながら族」という言葉があった。大学受験生が，深夜に勉強しながらラジオを聴いたり，夜食にラーメンをすすったりする「ながら勉強」行為に対して，「気が散って集中しない，非効率的な勉強法」という軽蔑的なニュアンスをこめて呼んだのが始まりで，1958（昭和33）年の流行語とされている（ちなみに，この年は即席めんの元祖，日清チキンラーメンが発売された年，筆者が産声をあげた年でもある）。

　それから十数年を経て，筆者が大学受験生となった1970年代は，まだまだ「集中賛美（ながら族否定）パラダイム」のただなかにあった。親や教師の根強い「ながら族」批判にさらされつつも，受験当事者たちは，効率のよい「ながら勉強こそ合格の秘訣」と固く信じ込んで，対抗していた。実は，この「集中 vs ながら」という，互いに拮抗するパラダイムは，いろんな局面で，ずいぶん前から臨

界期に突入しており，深刻な社会問題を引き起こしていた。

たとえば1950〜70年代にかけて，当時の電車・バス乗務員による「合理化（ワンマン化）反対運動」が起こった。運転士が，車掌（切符販売，停車駅告知の接客要員や，緊急時の誘導，無線通信送受の保安要員）を兼任する「ながら運転」は，運転士と乗客双方の安全を無視した危険な過重労働だとして，反対する運動である。しかし，現場乗務員や労働組合の反対にもかかわらず，着実に経営陣は，運転士が車掌を兼務する「ワンマン化」を進め，「ながら運転」を奨励していった。すでに21世紀の今日，「ワンマンカー」を危険と非難する声は，まったく聞かれない。それどころか今では，ジェット戦闘機や巨大タンカーまでワンマン化しつつあり，支配的な「ながら」パラダイムに抗う運輸関係者は，もはや大型旅客機のパイロットだけである。おそらく，時代の趨勢から見て，低運賃航空会社がワンマン化に踏み切るのは，そう遠い未来ではない。

それどころか，「無数のコクピット計器をチェックしつつ操縦桿を操作し，つねに無線通話しながら，編隊行動をする軍用機パイロット」や，「次の停留所を肉声案内しつつ乗客の運賃収受をチェックし，ときに回数券を売ったり，迷惑行為を注意したり，車いすの乗客を補助して乗降させつつ，ながら運転するバス運転手」など，日本では，まったくめずらしくもない。

さらに，「ながら族」のパラダイム・シフトは，「集中賛美」の本家本元の学校現場でも起きている。たとえば，かつて日本中の校庭にあった，二宮金次郎（尊徳）像の撤去が挙げられる。この像は，薪（たきぎ）を背負って山道を歩きながら寸暇を惜しんで読書する，勤勉な偉人の姿を顕彰し，模範的な「集中」型ライフスタイルを小学生に提示した，国民的アイコンであった。

しかし，通学路の交通事情や治安の悪化など，路上環境の急速な

図 10-2　薪×読書という「ながらモビリズム」の古いアイコン=二宮金次郎像

（出所）　藤本 2006。

変化を追い風にした「パラダイム・シフト」によって，その姿が消えつつある。すなわち，携帯ゲーム機で遊びながら登下校する姿や，ケータイでしゃべりながら自転車で登下校する姿を連想させる，悪い見本としてのアイコンへと，二宮金次郎像の意味が変わったため，急速に校庭から撤去されていった（藤本 2006）。

このように，同時に複数の行為をこなす「ながら」が，現代社会では良くも悪くも受け入れられ，こうした「同時複数並列的な情報処理行為」は，現代における有能さの証明ですらある。このように「ながら族」のパラダイムは大きく変化しつつ，現在に至っているが，その源は遠い昔にあり，日本文化の1つの型を形成してきたのである。

たとえば，今日も某商社のオフィスでは，社長から「仕事に集中しろ！」と叱咤され，締切に追われながら，同時に「デキる社員」たるもの，今夜の合コンの幹事として，トイレに立ったついでに飲

図 10-3　ケータイ×自転車という「ながらモビリズム」の今日的なアイコン

（出所）　藤本 2006。

み会のプランを着々と進める。パソコンでA国相手のプロジェクトを立案し，過去に取り組んだB国のクレーム・メールに対応しつつ，ケータイでは来月にC国関係者と会う約束を進める。世界中の株価や為替相場に時々刻々目を配り，メールに返信し，飛び込んでくる内線や外線電話，ケータイ着信に耳を傾け，必ず食い違った指示を出してくる上司たちの罵声を受け流し，部下たちを叱咤しつつ，同僚としのぎを削り，競合他社と合従連衡策を練り，日々「ながら流れ業務」を集中的にこなしている。

同様に形容矛盾のようだが，「デキる専業主婦」は，1つのことに集中・専業する暇がない。たとえば，泣きわめく子どもを膝の上であやして寝かしつけ，肩にはさんだケータイでママ友たちと矢継ぎ早に話して多数派工作を行いながら，料理番組に耳を傾けて献立

の構想を練り，料理サイトでキーワードを検索し，下の子どもの昼寝タイムに，上の子どもを自転車のかごに載せて近所のスーパーまで買い物に行く段取りを立てる，といった複雑怪奇な並行業務をやってのける「ながら複業主婦」こそ，「デキる専業主婦」なのだから。

　ある意味で，こうした「ながら」スタイルは情報化・都市化時代に適応した「同時複数並列的な情報処理行為」様式として，多かれ少なかれ全世界的に普及・定着の傾向を見せている。ただ巷で言われるように，もし日本のモバイル文化が世界のトレンドを牽引している部分があるとすれば，その背景には，こうした「ながら」適性というべき素因を挙げることができるかもしれない。

4 観光ツールとしてのケータイ

21世紀は移動と観光の時代

　ケータイの全世界的流行と同時並行的に進んでいる「モビリティ」パラダイムの浸透局面において，産業・文化・ライフスタイルとしての旅行・観光に注目が集まっている。では，21世紀の旅行・観光行為において，ケータイはどのような役割を果たすだろうか。

　アーリは，現代におけるモノと人の移動様式に注目する。モノとヒトの移動を考えるとき，より詳しく3つの位相に分かれるという（アーリ 2006）。

　① 旅行者（トラベラー）とモノ

　ここでいうモノとは，フランスのルーブル美術館にある絵画や，インドネシアのウブド芸術村にある工芸品など，そこでしか見られない「本物」を指している。

② 日帰り旅行者（デイ・トリッパー）とモノ

ここでいうモノとは，土産や雑貨など，基本的に持ち帰って最終的には自宅での日常生活に落ち着くような，多様な商品群「ガジェット」を指している。

③ 観光客（ツーリスト）とモノ

ここでいうモノとは，テレビ番組や，ロゴ入りのTシャツ，エキゾチックな感覚を刺激するフルーツなど，観光先と自分の自宅との間を仲介し，「本物らしさ」を連想させる，「情報商品」や「嗜好品」を指す。

移動するモノすべてが，この3つのカテゴリーに排反的に仕分けられるのでなく，1つひとつの商品が，これら3つの位相の要素を併せもつと考えたほうがよいだろう。

「通訳付き観光ガイド」になるケータイ

たとえば，われわれは，1つの土地を旅行しながら，ケータイを見ながら移動しつつ，過去の旅行の思い出や，現在の交通状況，未来の観光情報などを自由に動員・再編成しながら，検索・閲覧を繰り返すことによって，想像上の旅行をも同時に行える。ケータイの中に観光情報と体験，旅行者とモノの複合体が多層的に形成されていく。

おそらくケータイが他の事物と違ってユニークなのは，①②③いずれの位相のモノをもすべて載せて運べる，トータルなメディアである点だ。その意味で，これほど観光に適したモノはない。

たとえば，具体的な事例としては，京都観光における「おもてなしde開国プロジェクト」がある。これは，観光バスやタクシーといった移動空間の中で，機械的な音声自動翻訳や，遠隔地にあるコールセンターとの常時接続による通訳サービスを，最新のケータイ

を使って，簡便に利用できる公的／私的事業の可能性を検討するものであり，「総務省ユビキタス特区（観光立国）」事業として2008～10年にかけて実施された，「多言語翻訳を可能とする携帯端末の実証実験」（財団法人京都産業21 2008）である。

　社会実験の前半では，ケータイのカメラ機能とGPS機能を使って，京都を訪問中の外国人客をインフォーマントとした観光行動調査が行われた。これは，本章の冒頭で挙げた質的調査，「考現学」手法の最新形でもある。すなわち，外国人が京都の街のどこに興味をもっているかが本人撮影の写真からわかり，どのルートと交通手段で移動したかがGPS記録から克明にわかる。また外国人インフォーマントにとっても，自分の日々の行動記録（ライフログ）を再発見・再確認できるし，極私的「デジタル旅日記」を自動的につくることもできる。

　社会実験の後半では，自動翻訳機能と，オンライン通訳サービスをケータイを通じて行うソフト／ハード両面にわたるテストデータが得られた。

　すべての旅行者が，「通訳付き観光ガイド」ともいうべきケータイを片手に，不安なく異境に踏み入る旅行体験が，はたして幸福につながるかどうかは別問題だ。しかしながら，それ自体が持ち歩き可能なモノであり，他のモノを包摂したり再現したりできるメディアでもあるケータイは，文字通り風景を見ながら，飲食をしながらという一連の「ながら観光行為」において，まちがいなく最強の「ながらモビリズム」ツールとしての役割を担うだろう。

　このように，ケータイそのものが広く全世界に普及し，その利用方法がしだいに標準化される中で，「文化の翻訳」装置としての役割が期待されている。今後ともよりいっそうケータイは，それをめぐる社会的文脈のありようを，否応なく明るみに出していくのでは

ないだろうか。

引用・参照文献

藤本憲一，1993「〈同心円〉モデルに基づく家イメージの分析——メディア環境としての家①」『ファッション環境』3(2)

藤本憲一，1998「mobile の文化社会学——家→動→体 300 年の意味変容」『ファッション環境』8 (1)

藤本憲一，1999「認知地図調査法による個電の距離学的研究——携帯電話とイエ空間の親密性について」『ファッション環境』8(3)

藤本憲一，2003「寝室に渦巻く〈かわいい〉ケータイ空間」吉田集而・睡眠文化研究所編『ねむり衣の文化誌——眠りの装いを考える』冬青社

藤本憲一，2006「反ユビキタス的テリトリー・マシン——ポケベル少女革命からケータイ美学に至る第三期パラダイム」松田美佐・岡部大介・伊藤瑞子編『ケータイのある風景——テクノロジーの日常化を考える』北大路書房

藤本憲一，2008「眠りの〈プレイ〉モデルと寝室地図」高田公理・堀忠雄・重田眞義編『睡眠文化を学ぶ人のために』世界思想社

藤本憲一，2010「生活財生態学」工藤保則・寺岡伸悟・宮垣元編『質的調査の方法——都市・文化・メディアの感じ方』法律文化社

Fujimoto, K., 2010, "Nagara Mobilism in the Clutches of Cutie Mobs," Yoshida, M. et al. eds., *Welt in der Hand*, Leipzig Spector Books

クーン，T., 1971『科学革命の構造』(中山茂訳) みすず書房

アーリ，J., 2006『社会を越える社会学——移動・環境・シチズンシップ』(吉原直樹監訳) 法政大学出版局

Urry, J., 2007, *Mobilities*, Polity Press

財団法人京都産業 21，2008「おもてなし de 開国プロジェクト——外国人旅行者を対象とした市場調査と観光支援事業」(http://www.ki21.jp/ubiquitous-tokku/news/20080530_bessi.pdf)

📖 読書ガイド

●藤本憲一「眠りの〈プレイ〉モデルと寝室地図」高田公理・堀忠雄・重田眞義編『睡眠文化を学ぶ人のために』世界思想社，2008年

1993年から継続的に実施してきた考現学的調査に基づき，夜ごとの就寝行為を，ケータイをクラブのようににぎりながら，しだいに入眠（チップイン）をめざすゴルフ〈プレイ〉モデルでとらえた論考。寝室地図中の枕元のケータイの描画から，その意味や役割を知ることができる。

●日本記号学会編『ケータイ研究の最前線』慶応義塾大学出版会，2005年

2004年に開催された学会に基づき，編纂されたアンソロジー。特に，記号論・文明論・未来論的なケータイ・メディア論が，バラエティ豊かに展開されている。

●富田英典ほか『ポケベル・ケータイ主義！』ジャストシステム，1997年

NTT民営化から10年あまり，若者の間でのポケベルの流行，ケータイに対する年長世代からの白眼視といった当時の社会背景のもと，発表された論集。それまでの工学・経済学的な研究書と異なり，学術書として初めて「携帯電話」でなく「ケータイ」と表記したように，ユーザー寄りの視点で貫かれている。

●アーリ，J.『社会を越える社会学――移動・環境・シチズンシップ』（吉原直樹監訳）法政大学出版局，2006年

それまで静的・定住的なイメージでとらえてきた社会を，「移動」の相のもとに見直すことで，その新たな全体像を描いた。「資本」「場所」「観光」といったテーマから，著者の関心は近年，「モビリティ」そのものの研究へと向かいつつある。

Column ⑲　映像の中のケータイ

　かつて映像作品の中のポケベル像といえば，日本のTVドラマ『ポケベルが鳴らなくて』(1993)，香港映画『恋する惑星』(1994)，アメリカ映画『ターミナル』(2004)と，代表作がそろっていた。いずれも，受信専用端末すなわち「待つメディア」としてのポケベルの特性が，男女の出会いと別れを演出しており，ロマンチックな物語展開に絡んでいた。

　これに比べてケータイは，送受信両用かつ，文字だけでなく音声・画像が送れる，安定したマルチ端末として，生活に密着しすぎたせいか，像が1つに結ばれにくい。

　あえて近年の映像作品中のケータイ像を挙げるならば，日本代表は『着信アリ』(2004)。続編・続々編があり，のちにアメリカ映画『ワン・ミス・コール』(2008)としてリメイクされたが，正体不明の誰かから怪電話がかかるホラーである。もう1つは，TVドラマ『ケータイ捜査官7』(2008)で，ヒューマノイド化・擬人化した自走式ケータイ・ロボが，自ら捜査官となって犯罪を追う荒唐無稽な設定だ（そのほか中国映画に『手機 Cell Phone』〔2004〕，韓国映画に『携帯電話』〔2009〕というラブ・コメディの傑作があるようだが未見）。

　アメリカ映画の代表は『セルラー』(2004)。スピーディなサスペンス・アクションの主役として，最新のマルチ機能を備えたケータイの強みと弱点が，物語の伏線として過不足なく描かれる卓抜な演出で，当方は大学一年向け「メディア・リテラシー」の映像テキストとして使用している（パーソナル通信技術史をコンパクトにまとめた，おまけディスク付き）。またドラマ化進行中と噂されるのが，ホラーの帝王スティーヴン・キング原作『セル』(新潮文庫，2007)。ケータイによるオゾマシイ狂気の感染パニックが，いかに描写されるか。いま一番，公開が楽しみな作品である。

　さて，少数の代表作から軽々に論じることはできないが，大胆に仮説をいえば，もはや最新の高性能ケータイを使っていると，ネット上の出会い系は別として，劇的な待ち合わせのすれ違いや空振り，あらぬ誤解や一方通行など，恋愛ロマンの必須要素たる「互いの思いの揺

らぎ」が生じにくいのではないか。ケータイが主役となる現代劇ほど，ホラーやコメディ，サスペンスなど，アンチ・ロマン的な作劇法（ドラマトゥルギー）に陥りがちなのではないか。

その証拠に，ロマンチックな韓流ドラマではケータイに脚光が当たらず，最近のアメリカの青春群像劇では，いっさい画面にケータイが映らないものもある。あたかも「ケータイなんて存在しない」SF設定か，「カメラが見ないふり」という特殊なお約束設定か，という極端な演出がなされている。

「ロマンチックにケータイは無用！」といわんばかりなのである。

Column ⑳　アート・オブジェ／ツールとしてのケータイ

2010年，ドイツのドレスデン芸術会館において，「手の中の世界――現代美術・映画・対話――グローバル化する携帯電話の日常文化に向けて」展が開催された（キューレーター吉田美弥ほか編の同名書籍として英独併記で出版）。ここでは2カ月にわたって，ケータイをめぐる芸術の可能性が追求された。

この試みは，私たちの暮らしの真ん中に，日用品として「同化」（埋め込み）され，身近な地平として「日常風景」化しつつあるケータイを，再び非日常的なオブジェとして主題化・焦点化し，「異化」する（ふだんと異なる文脈でとらえ直す）プロジェクトである。

特に俳句・川柳・短歌，広告コピー文という短詩（メール）形式表現になじみ深い日本人は，もはや無意識のうちに，体の一部として高性能の「リテラリー・マシン（文字＝文学機械）」たるケータイを，生活用具として使いこんでいる。

しかし，単に写真や動画，音楽や音声を記録する複製装置としてだけでなく，ケータイの中で（クラウド環境を含む），さまざまなアプリや個人技を用いることで，もはや他のカメラやPCを使わず，インプットの第一歩から世界への情報発信まで，すべてが掌の中で完結する状況は，ケータイ小説やケータイ・ブログに留まらない新しいアート表現の可能性を示唆している。

また，周囲の文脈や風景を組み替え，ありふれた日常事物をコンセ

プチュアルに「異化」した，デュシャンの小便器やウォーホルの缶詰同様，ケータイは「レディメイド（出来合いの既製品）アート」の対象（オブジェ）でありつつ，同時に「前衛的な絵筆（ツール）」でもある。いわば両義的な存在である。

ドイツの哲学者ハイデッガーの用語を借りるなら，ケータイはあらゆる「Vor-handen-sein（手の前にあるモノ＝自分から独立した事物）」を，「Zu-handen-sein（手の中にあるモノ＝自分にとって利用可能な道具）」へと変えてしまう，無限変換装置である。ただ同時に，ケータイそのものは，みずから「モノ＝装置」でありながら，独自の異物感を放ちつつ，世界から愛されつつ疎外されて，一種独立したオブジェになりうる。不思議なヌエじみた，モンスター（モノの怪？）なのである。

このように「道具かつ表象」「レディメイドかつ前衛」という，両義的なケータイ像はすでに，あなたのふだんの行動にも，ほのかに表れている。たとえば，あなたは，次のような感情に，ふいに襲われたことはありませんか？

なぜ私は，「変顔（へんがお）」の自撮り（セルフポートレート）を苦労して撮っては，大切にコレクションしているんだろう？

なぜボクは，80グラムの極小・超軽量ケータイを買ったのに，そこに巨大なストラップや，重い鍵の束をじゃらじゃらくくりつけ，ジーンズの尻ポケットから，おもいきりハミ出させているんだろう？

なぜ私たちは，ケータイをうっかり水没させてデータを失うたびに，深い悲しみとともに，かすかな開放感に包まれるんだろう？

ここには，便利でかわいいケータイの裏に見え隠れする「もう1つの顔」すなわち，「オブジェ」としてのケータイを発見するヒントが，きっとある。ぜひ一度みなさんが，1人ひとり，ケータイ「を」アートし，ケータイ「で」哲学してもらいたい。

引用・参照文献
ハイデッガー，M., 1994『存在と時間』（細谷貞雄訳）ちくま学芸文庫
室井尚, 1988『ポストアート論』白馬書房

第11章

モバイル社会の多様性

韓国, フィンランド, ケニア

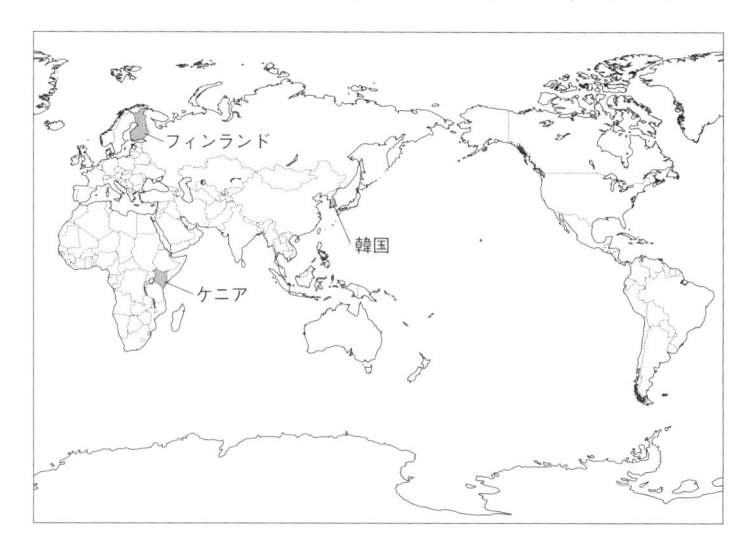

(世界地図：フィンランド、韓国、ケニアの位置が示されている)

> 携帯電話は何も日本のみで使われているわけではない。諸外国のモバイル・メディア文化はどのようなものだろうか。携帯電話の利用から社会のカタチを考えてみたい。

1 モバイル社会を比較する

モバイル・メディア利用可能地域の拡大

　1990年代から世界的に普及した携帯電話だが，2000年代に入ってもその普及・利用拡大傾向はとどまることがなかった。それまでメディア技術の恩恵から排除されていた地域においても，携帯電話はその垣根を軽々と乗り越えて普及していった。特に2000年代に入ってからは，アフリカ地域や中国の内陸部にも利用者を増やしている。電気，ガス，水道などが通じていない地域にも生活があり，固定電話はもちろん，新聞やラジオ，テレビといったメディアが使われていないという地域社会も少なくない。携帯電話はこういったところでも利用されるのだ。活版印刷以来の衝撃をもって，利用層を拡大する携帯電話であるが，その影響そのものを理解することは難しい。その理由として，それぞれの利用者が所属する地域社会の制度や政治的な状況，地域文化などが異なる点が挙げられる。本書では，ケータイという文化的意味を含む用語を日本の状況説明において使用しているが，地域社会でそれぞれ異なるメディア利用という点を鑑み，本章では mobile phone の直訳である携帯電話と表記する。

　同じモバイル・メディア端末であっても，それぞれの社会的・文化的意味を含む携帯電話を一様に説明することは難しい。そこで，携帯電話というメディア登場のグローバルな影響を理解する際の指針を次のように設定する。中心―周縁理論とその格差を乗り越える戦略としての教育システム，さらにメディア利用による新しい戦争・紛争の再編をめぐる議論である。これらのトピックに則してここでは，日本の隣国である**韓国**，携帯電話に代表される技術立国で

あるフィンランド，そして，発展途上国であるケニアをとりあげる。

一般的に，中心―周縁理論では，ヨーロッパ，もしくはアメリカが中心，それ以外は周縁として理解される。この文脈では，日本，韓国は半周縁と説明されてきた。フィンランドはヨーロッパの一部であるが，ヨーロッパの中では周縁と位置づけられてきた。また，スカンジナビアに限ってみても，1990年代までは最周縁とされる地域であった。そして，アフリカ地域のケニアは世界の最周縁として理解されてきた。

中心―周縁理論

世界をひとつのシステムとしてとらえる世界システム理論では，周縁を支配・搾取することで富裕化する中心という構図があると考えられている。しかし，春日直樹（1995）が指摘するように，実際はそれほど簡単なシステムではない。この章でも，技術発展史において，重工業型産業中心社会から知識・情報サービス産業中心社会へと社会変動が起こることによって，支配され，搾取され続けてきたはずの周縁性が，これらの地域におけるメディア技術の革新とそれにともなう社会の富裕化の駆動力になったのではないかと仮定している。

情報インフラの整備と教育

アジアでは，朝鮮半島が南北で2つに分かれており，民主主義を標榜する大韓民国の政治は対国際社会，対国内，対北朝鮮とさまざまな局面でその思惑や動向が絡みあう。日本と比較するならば，若者の政治的関心は高く，国家に対する意見なども明瞭に個人に意識されている。徴兵制があり，長い間，文化政策において排外主義を通してきた歴史がそのような国民の意識と関連している。1990年

代は一転してさまざまな分野で開放戦略をとることとなり、情報技術が急速に高度化し、関連製品の世界的シェアも拡大された。

このように、90年代まで戦後の政治体制の影響により周縁にあった地域において、情報化は逆転の機会であったともいえる。この典型的なモデルがフィンランドの情報技術開発とそれを支える知識・教育を重要視する国家戦略である。フィンランドはスウェーデンとロシアに挟まれ、1917年の独立まで植民地でもあった。地理的、気候的な条件もあり、独立してからも際立った産業のない国家であり、辺境、周縁と位置づけられてきた。しかし、よく知られているように、90年代以降、ノキアが情報通信分野で成功をおさめ、脚光を浴び、このような躍進のベースとして機能する教育システムが世界的に注目された。

携帯電話をめぐる技術は、重工業型のインフラストラクチャーをそれほど必要とせず、過酷な環境において利用することが比較的容易であり、経済的コストも安価である。たとえば、ソマリアやアフガニスタンのような紛争状況下においても利用可能であり、実際に国家が機能せずとも人々は携帯電話を利用している。近代国家が機能してきた地域と比較するならば、携帯電話は機動性に富み、それを維持するコストが低いメディアであることから、このような混乱した地域でこそ、その特質を発揮している。

メディア利用と戦争・紛争

2011年、チュニジア、エジプトなどに見られた、FacebookやTwitterなどのソーシャル・メディアの利用による国家の独裁体制から民主主義へと転換をはかった「ジャスミン革命」は、原初的な権力である物理的暴力を情報の流通によって克服するという側面をもっていた。携帯電話は、こうした民主化運動を主張するデモなど

の集合行動を容易にした。PCを利用したインターネット上での意見集約や軍隊のあり方，政治状況，そして携帯電話利用の深化などが機能することで，このような政変が起こったといえる。したがって，携帯電話それのみで，その社会的意味を語ることはできない。メディア技術はますますそれぞれのメディアの境界を意識することなく利用可能となり，PCや携帯電話といったメディア端末は透明化している。

世界的に見ると，こうしたメディアと政治活動との連関は，2000年代初頭，韓国の集合行動ですでに見られていたものである。社会運動・政治運動においては国家だけではなく，民族もまた重要な要素である。両者はまったく異なる次元の境界であり，民族が国家に優越する社会では国家を創造する場面において，政治的な活動が活発化し，場合によっては戦争や紛争といった事態を招く。たとえば，ケニアは東アフリカのなかでは比較的安定した政権を維持しているが，国内の小規模な民族紛争やレイディング（強奪）などの紛争は絶えない。このような紛争の発生にも携帯電話の普及は影響を及ぼした。物理的な摩擦が起きる要因には，争う集団間の隣接性もひとつとしてある。したがって，携帯電話のようなリモート制御を可能とするメディアは，集団が隣接することによる物理的な摩擦を減少させるが，同時にまた別の紛争を再編する場合も見られる。

日常的に人々が利用するメディアであるからこそ，このメディア環境，利用行動，意識を調べることによって，携帯電話というメディアそのものを知るのではなく，社会そのものを知ることになる。本章では，携帯電話を語ることによって，それぞれのローカルを理解し，そのことがグローバルを理解することとなるグローカリゼーション研究の方法を示したい。

1　モバイル社会を比較する

2 | 韓国——似ているようで似ていないモバイル文化

韓国は早い段階からモバイル・メディアの利用が進み，世界の他の地域に先立って速やかにモバイル社会へ移行している国である (Castells et al. 2007: 18)。日本と並ぶモバイル先進国といえる地域だろう。ところが，同じくモバイル技術が進んだとはいえ，日本と韓国のモバイル社会のあり方には相違する点が多い。この節では，韓国のモバイル社会のあり方について考察を行うが，あえて日本との相違点に着目することによって，文化としての携帯電話のあり方を浮き彫りにしてみよう。

韓国のモバイル社会

韓国での携帯電話の利用が急に増えたのは日本とほぼ同じ時期の1990年代半ば以降であった。携帯電話が社会的に普及していく過程も日本と似ている。この時期の韓国も，ほとんどの家庭で1台以上の固定電話の使用が一般化されており，携帯電話への需要は企業などビジネス現場から生じていた。1990年代半ばからは一般の人々からの需要が急速に増え，誰もが携帯電話を持ち歩くようになってきた。韓国放送通信委員会の報告によれば，2010年11月末，韓国の携帯電話の契約者数は5062万件に達しており，すでに韓国の全体人口（4900万人）を超えている。幼児など携帯電話が使えない年齢層があることを考えると，複数台の携帯電話を持ち歩いている人も少なくないだろう。日本と比較してみると，若いときから携帯電話を持ち歩く傾向が特に目立ち，10代における携帯電話の普及率は2009年に80.6％に達していた。韓国では携帯電話が青少年に有害だからもたせないという認識が日本ほど強くない。むしろ携

帯電話が親子の間の大事なコミュニケーション手段なのだという見方もある。

　韓国初のモバイル・インターネット（LGテレコムの「ez-i」サービス）が導入されたのは，1999年5月，世界初とされる日本の「iモード」（1999年2月）からわずか数カ月後であった。ところが，日本ではその頃から速やかにモバイル・インターネット利用が増えていったのに対して，韓国では2000年代半ばまで携帯電話からのインターネット接続が伸びなかった。また，モバイル・インターネットの利用目的もオンライン・バンキングや証券情報の閲覧など一部専門情報の照会に限られていた。

　こうしたことは，同じ時期韓国でPCからのインターネットの利用が急速に増えていたことと関係があると思われる。韓国では1990年代後半から2000年代半ばまで超高速通信網の普及が急速に進められており，モバイル・インターネットより先に専用通信網を通してインターネット利用が急に増えていた。したがって，インターネットはPCから接続するものだという認識が強く，モバイル・インターネットについては不便でお金がかかるものというイメージがついてしまったのである。今も韓国では，無線インターネットといえば，携帯電話からアクセスするものではなく，ノートPCから無線LANやWifiにつなげてアクセスするものだという認識が一般的である。実は，このように携帯電話からのインターネット利用に先立ってPCからのインターネット接続が定着する傾向は，韓国のみならず，北欧や台湾などの他のインターネット先進諸国に見られる。水越伸（2007: 28）が指摘しているように，PCからのインターネット利用を経験する前に，モバイル・インターネット利用に慣れてしまった日本の状況が，世界的に見れば特異なのだ。

　2000年代半ば以降は，スマートフォンの普及にともない，韓国

でもモバイル・インターネットの利用が著しく伸びており，その様相も多様化している。たとえば，韓国では携帯電話を使ってDMB (Digital Multimedia Broadcasting，日本でいうワンセグ) でコンテンツを鑑賞することが定着している。地下鉄やバスなどの公共交通機関で，乗客が携帯電話でテレビや映画，動画を視聴する光景はよく見かけられる。日本では，ケータイでモバイル専用のサイトにアクセスして文字を読むことが多いことと対照的だといえよう。韓国でのスマートフォン普及率は，2011年すでに40%を超え，2012年内に70%に至ると展望されている。そのため，モバイル・インターネット利用は今後さらに増えていくと見られる。

通話中心の携帯電話の利用

韓国の携帯電話の利用は，日本と比べれば，はるかに通話中心である。ソウルで公共交通機関に乗ってみるとその差異が明らかである。日本では，地下鉄やバスなどの中で携帯電話の着信音が鳴ると，その場での通話を遠慮して電話を切るのが常識となっている。だが，ソウルでそうした風景はめずらしい。電車やバスの中でも普通に通話をするし，地下鉄で移動しているときにも携帯電話の電波が届かないことも考えられない。公共空間であまりにも大きな声を出したり，満員電車で通話したりすることなどはマナー違反とされるが，通話自体が敬遠されることはない。それはマナーをめぐる社会的認識が違うことにも起因するだろうが，携帯電話の利用がメールよりは通話中心になっている文化の差異だともいえる。

メールより通話を好む傾向は，即時的かつ直接的にコミュニケーションをとろうとする態度と関係があると思われる。韓国の社会学者のキム・シンドン (2003) は，韓国社会における人間関係の特殊性に結びつけてモバイル・コミュニケーションの特徴を説明した。

韓国社会では，個人間の人間関係を築くだけではなく，血縁，地縁，学縁などさまざまな絆によって構成される集団の一員となることが大事である。こうした絆を維持するため，食事会や飲み会など，インフォーマルな集まりが盛んである。ところが，こうした集まりは，即座にあるいは直前の通知によって開催される傾向が強い。その場合によく使われる連絡手段が携帯電話だということである。韓国社会において携帯電話をもつ利点といえば，何より即時的かつ直接的にコミュニケーションがとれるというところにあるわけである。

　文字メッセージのやりとりのほうはどうだろうか。モバイル・インターネットを使ったメールのやりとりが盛んな日本と違って，韓国では短文送信サービス（Short Message Service，以下はSMS）のほうが主流である。実は，モバイル・メディアでメールをよく使うことは日本特有の現象であり，他の地域ではSMSが主流となっている。日本の通信事業者もSMS機能を提供しているが，通信方式の違いなどから同じ通信事業者の契約者同士の送受信に限られる状況が長く続いていた。ところが，日本を除いた他の地域では，異なる通信事業者の契約者同士の送受信も可能な方式を採択していたため，メールを打つためにわざわざモバイル・インターネットに接続する必要がなかったのだ。日本ではケータイでの文字メッセージのやりとりを「メール」と呼ぶ場合が多いが，英語圏ではPC上のEメールを「メール」，モバイル機器でのやりとりを「テキスト」と呼び分けていることには，こうした背景があるわけだ。ちなみに，韓国で主に使われているSMSとは，より進歩したMMS（Multimedia Message Service）と呼ばれる方式であり，ショートメッセージに画像や動画，音声ファイルなどを添付することもできる。

　一方，韓国でも若者を中心に文字コミュニケーションが増える傾向が目立ってきている。2010年，政府機関の女性家族部が発表し

た「青少年のメディア利用形態および中毒などについての父母, 教師, 青少年の認識度」調査結果によれば, 青少年たちは,「文字メッセージのやりとり」(66.5%) を携帯電話の利用目的の一番大きな理由として挙げた。今後も携帯電話の利用における文字コミュニケーションの存在感が大きくなっていくと思われる。若者が好むSMSのやりとりは, きちんとした文字コミュニケーションというよりは, オンライン・チャットに近いものである。モバイル・メディアで交わされる文章は短く, 略語, 隠語, 顔文字が混ざった話し言葉ふうの文通である。このように自由奔放なコミュニケーション文化について, 言語の破壊現象を懸念する声がある一方, 新しい世代のメディア文化として認めるべきなのだという意見も少なくない。

「フォンカ」とストリート・ジャーナリズム

　韓国で携帯電話についているカメラは「フォンカ」(フォンとカメラを合成した新造語) と略して呼ばれる。「フォンカ」は大人気の機能であり, さまざまな場面で積極的に使われている。おいしい食べ物やきれいな景色を「フォンカ」で撮って保存していくことや,「フォンカ」で撮った写真を写メールにして親友や恋人へ送るなど, 日本と同じ使われ方も流行っている。若者の間では特に「フォンカ」を使って自分の写真を撮る「セルカ」という遊びが人気である。「セルカ」とは,「セルフ」と「カメラ」を合成した言葉であり, 自ら自分の写真を撮ることを意味する。そもそも「セルカ」とは, ブログやSNS用のプロフィール写真を自ら撮ってアップする遊びだった。ところが,「フォンカ」の普及につれて次第にその文脈が広がり, 移動する場所ごとに自分を撮っておいたり, その「セルカ」をすぐ友だちや恋人に送ったりするような文化に展開された。

　一方,「フォンカ」は, 市民運動や社会的な実践の場面において

図 11-1　2008 年のキャンドル・デモ隊

（出所）　Ohmynews 提供。

も有用な道具として認識されて，活発に使われている。2008年韓国では「ストリート・ジャーナリズム」という新造語が流行した。その年，韓国では狂牛病の感染の疑いのあるアメリカ産牛肉輸入に反対する市民運動が盛んに行われており，市民たちが集まる街頭デモがたびたび起こっていた。何万人もの人たちがキャンドルをもって都心を行進する場面は，日本のマスメディアにもたびたび報道されていた。このデモの現場で「フォンカ」が「報道の道具」として大活躍をしていたのである。デモ現場での出来事を「フォンカ」で撮影し，その場でニュース投稿サイトや討論掲示板，自分のブログなどにどんどんアップロードしていく自主的な市民報道活動が活発に行われた。社会的な実践の道具として携帯電話が使われる傾向は，スマートフォンの普及やソーシャル・メディアの利用増加とともにさらに強化されていると思われる。

　韓国社会におけるモバイル技術は，情報通信産業を通して世界経済で優位にという産業側の強い成長意欲によって支えられてきてい

る一方，新しい市民運動の原動力になったり，若者文化の中心的存在となったりしながら，未来社会を展望するうえで重要な枠組みと認識されているといえる。

3　フィンランド──モバイルとイノベーション，教育

フィンランドはロシアと国境を接し，ヨーロッパのもっとも北東部に位置している国であり，ヨーロッパにおいて，また北欧においても周縁と位置づけられてきた。

日本人にとっても，フィンランドは遠い国であり，実際に訪れたことのある人は多くないかもしれないが，そのイメージは多様で豊かである。たとえば，年金や医療など充実した社会保障がなされている福祉国家というイメージ，森と湖，オーロラといった豊かな自然のイメージ，また marimekko（マリメッコ）に代表されるような生活雑貨やガラスや家具などに見られるような高いデザイン性というイメージもあるだろう。サンタクロースやムーミンなどのキャラクターも日本人にとってもおなじみのものだ。近年ではこうしたいわば「伝統的な」フィンランド・イメージに加え，OECD による国際学力到達度調査（PISA）で高得点を示すなど**教育システムの充実ぶり**でも注目を集めている。

モバイル・メディアに目を転じると，世界最大の携帯電話会社と言われるノキア（NOKIA）を擁するフィンランドでは 1998 年には携帯電話の普及率がすでに 55.2% に達しており，当時世界的にも携帯電話の普及が進んでいると言われた北欧諸国の中でもとりわけ高い普及率を見せていた。このような携帯電話先進国フィンランドにおける携帯電話，そして携帯電話から見えてくるフィンランドについて見ていこう。

図 11-2　ノキア (NOKIA)

（出所）　Lehtikuva/PANA。

フィンランドにおけるモバイル文化

　フィンランドは日本とほぼ同じ面積の国土に人口約 500 万人が暮らしている。そのほとんどはフィンランド人であり，民族的・言語的統一性の高さが携帯電話普及の進んだ大きな要因と言われている。フィンランド人の性格は一般的に我慢強く，無口であると言われており，日本人との共通点も多く見いだせる。一方で，携帯電話が普及してからはバスなど公共交通機関も含め，街のあちこちで通話している姿が多く見られるようになった。こうした公共空間での通話に寛容であるという点は日本とは異なっている。

　1990 年代後半，フィンランドにおいて携帯電話の普及と利用を広げたのは子ども・若者層であった。若者の携帯電話利用は通話料の高さから通話よりも SMS の利用が多いのが特徴として挙げられるだろう。カセスニエミら (2003) はフィンランドの 10 代の若者の携帯電話によるメッセージのやり取りについて 1997 年から 2000 年にかけて収集したデータ分析から，女の子の文字メッセージ文化

は比較的長く，さまざまな装飾がなされているのに対して，男の子の文字メッセージ文化には「簡潔」「有益」「実際的」という要素が中核にあることを指摘した。一般的な携帯電話のメッセージ文化における「男性的」＝「インストゥルメンタル（道具的）」，「女性的」＝「コンサマトリー（自己目的的）」というジェンダー的な図式はフィンランドにおいても当てはまっていたと言えるだろう。実際，筆者が2008年にフィンランドの若者に行ったインタビューでウルプ（女性・18歳）は，SMSでやり取りするときは用件的なものも多いが，男の子からのSMSは顔文字などの装飾が少なくて味気ないと答えている。また，携帯電話がないと友だちとのコミュニケーションが「naked（無防備）な状態になってしまう」という彼女の指摘は，友だちとのコミュニケーションにおいて携帯電話は自分というキャラクターを媒介するもの（メディア）としてとらえたものであり，若者のコミュニケーションにおける携帯電話のメッセージ文化の浸透を示している。

　それではフィンランドの子どもや若者はいったいどのような生活を送っているのだろうか。フィンランドの若者，特に小中学生の多くは放課後，地域のスポーツクラブなどさまざまな課外活動を活発にこなしている。学校からこうしたアクティビティを行う場所までは公共交通機関で，あるいは迎えに来た両親の車で移動している。フィンランドでは女性の社会進出が進んでおり共働き家庭が多い。一方で，柔軟なワーク・スタイルを可能にする環境が社会制度として整えられており，労働時間を調整し，早めに仕事を終え，夕方には子どもを迎えにいく姿がよく見られる。携帯電話はそうした際に待ち合わせや移動の時間つぶしのためのツールとしても活発に利用されている。小林ら（2007）によると，15～39歳の回答者のうち，携帯電話が友人との結束強化に「非常に」役立っているとした割合

はフィンランドで 61%，日本で 42.2% であったのに対し，家族との結束強化に関してはフィンランドで 60%，日本で 17% であった。ここからもわかるように，フィンランドでは携帯電話は友人とのつながりと同時に，家族のつながりを強めるものとしてもとらえられている。こうした背景には先ほど挙げたような生活スタイルが影響していると考えられるだろう。

またフィンランドは図書館利用率が世界一と言われており，子どもの読書はもちろん，親あるいは教師による子どもへの読み聞かせの習慣も根づいている。先のカセスニエミらの調査では，若者たちの間での SMS 交換に見られる振る舞いとしてメッセージをお互いに読み合ったり，一緒に作成したりすることを挙げている。フィンランドにおける読書文化が，このような携帯電話でのメッセージを読み合ったり，一緒に作成したりする「新たな文字文化」とどのように関連していくかについては今後も注目していく必要があるだろう。

フィンランドにおける携帯電話普及の背景

なぜヨーロッパの中でも周縁と位置づけられ，目立った資源や産業のなかったフィンランドが突如，90 年代後半から世界に先駆けて携帯電話が普及した社会になったのだろうか。

フィンランドは，最初はスウェーデンの一地方として，後にロシア領というように，スウェーデン，ロシアという両大国の狭間で歴史を刻んできた。1917 年の独立後も国家として独立性を保つためにさまざまな努力がなされた。特に第二次世界大戦後は，東西冷戦の下，広く国境を接する共産主義国家・ソビエト連邦（ソ連）との関係を良好なものにする一方で，欧州における西側諸国の一員としても存在するという絶妙なバランスを保ちながら，別の言い方をす

ると，東西両勢力の間にあって政治的緩衝地帯としてどちらにも与しない立場を取りながら，独立国家としての地位を固めた。

そういった意味で，1991年のソ連崩壊はフィンランドに大きな影響を与えた。ソ連崩壊による冷戦構造の解体により，ソ連と良好な関係を維持しなければならないという国際関係上の制約がなくなったために，フィンランド国内ではヨーロッパ化への期待がわきあがり，1995年のEU加盟につながった。また，経済面においては最大の貿易相手国であったソ連の崩壊は，フィンランド社会における高齢化と社会保障への財政負担とも重なり，経済状況の悪化へとつながった。こうした状況を打開するために，フィンランド政府は新たな産業としてコンピュータやインターネットを中心とした情報通信分野の育成を図り，規制緩和，投資を積極的に行った。これが功を奏し，90年代半ばには情報通信産業は，それまで輸出の中心であった木材・製紙産業に迫る勢いを見せた。たとえば，フィンランドにおける情報通信産業の象徴として挙げられるノキアは，もともとタイヤやゴムブーツなどを製作する企業であり，徐々にテレビなど電化製品の生産などにも進出し多角化を図った。しかし，90年代に携帯電話を中心とする情報通信分野に研究開発と資本を集中するようになった。このように，国家レベルにおける情報産業への転換がフィンランドにおける携帯電話普及を後押ししたと言える。

このような産業の発達にともなってさまざまなイノベーション（技術革新）も引き起こされた。SMSは80年代半ば，フィンランド人技師，マッティ・マッコネンによって開発されたものである。また，90年代はじめにオープンソースのコンピュータOSであるLinuxを生み出したのは当時21歳のヘルシンキ大学の学生リヌス・トールヴァルドであった。このようなイノベーションを引き起こすためには研究・開発への投資に加えて，それを担う人材の育成が重

要になる。その基盤となっているのが教育システムの充実である。90年代半ばの教育改革によって，小中高校では具体的にカリキュラムを策定する権限と責任が各地方自治体・学校・教員に与えられた。大学はすべて国立大学であるが，首都ヘルシンキに集中するのではなく，フィンランド全土に分散して各地域の研究拠点となっている。大学はそれぞれの地域にある企業，研究所と互いに連携することで学生，研究者，社員の流動的な移動を後押しし，研究・開発を進める体制を整備している。

社会基盤としてのモバイル・メディア

2010年，フィンランドは世界に先駆けて1 Mbps以上のブロードバンド接続を「国民の基本的権利」とした。さらに2015年までにインターネットの回線速度を100 Mbpsまで引き上げるなど具体的な目標を設定した。こうしたことから見えてくるのは，フィンランドはインターネット接続をひとつの社会保障と見ているという姿勢である。フィンランドではインターネット接続はPCからが主流であり，携帯電話でのインターネット利用はそれほど高い伸びを見せていなかった。しかし，2000年代に入り，スマートフォンの普及が進み，モバイル・インターネットの利用者は増加している。このようにモバイル・メディアがインターネットと結びつくことで今後，フィンランドでは携帯電話，スマートフォンなどのモバイル・メディアがコミュニケーション・ツールとしてだけでなく，税金や年金，健康状態などの各種データへアクセスするなど国民が生活を送るうえでの社会基盤として機能するようになることも考えられる。また教育においてもモバイル・メディアを用いた教育方法が盛んに研究されている。そういった意味でフィンランドにおいてモバイル・メディアとインターネットは産業的に重要なものであるのと同時に，

イノベーションを引き起こす知識社会の基盤であり，また今後の社会保障の基盤として，いわば国民全体のインフラとして整備していくべきメディアであると言える。

4 ケニア——モバイルで変わる周縁地域

　ケニアはアフリカ諸国の中でも，携帯電話を中心としたメディア文化を考えるうえでもっともおもしろい国のひとつではないだろうか。固定電話の普及率は1％程度であるこの国で，携帯電話は画期的なメディアであった。また他のメディア，PC を介したインターネット，新聞や雑誌，テレビやラジオといったメディアよりも急速に普及した。情報通信という意味でのメディアがケニアで普及したことは，固定電話も普及しなかった地域ゆえに，おどろきの出来事であったが，絶対に見落とせない点は，M-PESA の商標で利用が急速に拡大したモバイルマネー・トランスファー・サービスだろう。

　ケニアでは，世界初の携帯電話を介した個人向け金融サービスが2007年よりはじまった。日本でもおサイフケータイやモバイルバンキングはそれ以前から利用できたが，この金融サービスは銀行口座と同様の機能を果たすという点で世界初のサービスであった。ケニア国民の多くは，1日2ドル以下で生活しており，まとまったお金を銀行の口座に貯蓄したり，商売で扱ったりということはほとんどない。しかし，高額の金銭を扱わないというだけであって，現金のやりとりがないというわけではなかった。彼らの生活は，少額の小口商いで成立しており，彼らにとって数百円，数千円，場合によっては数十円というお金のやりとりは日常生活に欠かせない重要な取引である。したがって，これまでは銀行口座をもてないがゆえに，郵便局の現金書留の使用や仲介者にお金を運んでもらうという行為

図 11-3　携帯電話の充電サービス

が日常的にみられたが，送金に時間がかかり，非合理的であり，また途中でお金がなくなるというリスクも高いという難点をもっていた。

　こういった難点を一挙に解決したのが，携帯電話の特性を生かしたモバイルマネー・トランスファー・サービス（モバイルマネー・バンキング・サービス）であった。

都市－地方間格差

　これまで，アフリカにおける携帯電話事業の拡大については，NHK 報道スペシャルなど異文化を扱う番組において，驚きをもって報道されてきた。それは，電気もガスも水道もない土地で，「伝統的な」衣装を身にまとったアフリカの人々が家畜を追いながら携帯電話を利用する姿であったり，人口規模から想定される経済効果であったりした。ただこのような側面だけではない。

4　ケニア

世界的にみても，日本国内をみても，地域間格差というものがあるように，ケニアにももちろん地域間格差がある。首都ナイロビや商業都市のモンバサでは，東京で生活するのとさほど変わらない生活ができる。電気も水道も利用できるし，なんでも手に入る。ナイロビに住む人々の文字リテラシーは高く，子どもたちの多くは学校に行くことができるようだ。しかし，地方に行けば行くほど，公用語である英語もスワヒリ語も通じなくなる。小学校卒業者は数えるほどであり，計算も足し算と引き算はできても，掛け算と割り算のできる人は少ないという状況がむしろあたりまえとなる。もちろん，読み書きなど一握りのエリートしかできない。特に，周縁地域である地方では牧畜を生業としている場合が多い。農業に向かない乾燥した土地で，牛，ヤギ，羊，ラクダなどの世話をして生きている。牧畜民の生活は基本的に移動が中心となる。家畜のために，ベースとなる居住区を離れ，家畜キャンプを張りながら移動していく。このような生活は10代の半ばから成人になるまで続けられる。したがって，定住して学校に通うという生活スタイルは牧畜民にはなじまない。学齢期と考えられる時期は，山の家畜キャンプで家畜の世話をするライフステージにあたっているからだ。また，教育行政が地方にまで行きとどかないということも要因のひとつにある。

携帯電話とグローカル化

　牧畜民はその生業の性格上，移動することが前提となる暮らしを営んでいるが，人間や集団の移動は現代において重大な社会学的問題のひとつである。この移動の問題は，グローバル化の文脈において議論される。グローバル化とは，時間や空間，国民国家や宗教などによって制限された生活から解き放たれて，距離の制限を解消し，人々が行為，生活することの総体を指している。

しかし，ベックをはじめとして多くの社会学者が指摘しているとおり，グローバル化のその基盤はローカルなものにあり，ひとつのローカルなものがそれ以外のローカルなものと出会い，文化的にも政治的にも経済的にも衝突・摩擦を引き起こすことがセットとしてある。たとえば，マウンテンゴリラの減少は携帯電話の生産と大きな関係がある。携帯電話の生産にはタンタルというレアメタルが必須である。このタンタルの採掘地とマウンテンゴリラの生息地が重なっているため，世界的に携帯電話の生産が増大することで，マウンテンゴリラが減少するという状況が起こっている。このようにグローバルなものとローカルなものがセットになっていることをグローカル化 (ロバートソン 1997) と呼ぶ。

　携帯電話は個人にとってもこの衝突・摩擦の土俵として機能する。特権と権利剝奪，富と貧困，権力と無力の配分を新たに割り当てていくことがここで生じている。たとえば，2008年に出会ったケニア北西部のトゥルカナ湖でとれた魚を商うピーターは，その頃，爆発的に普及した携帯電話のM-PESAと通話，SMSを利用して儲け，大変羽振りがよかった。儲けたお金で家畜も飼うことができ，親族の子どもの学費やさまざまな面で経済的支柱となっていた。ところが，1年後の調査の際，彼はすべての財産を失っていたのである。

　携帯電話に蓄財していたお金は，ほかに男をつくった妻に引き出され，持ち逃げされ，商売そのものも別の大口の業者にもっていかれた。ストレスから胃炎になり，その薬代のために，彼は携帯電話も手放し，何もしない毎日が続いている状況であった。

　トゥルカナ湖は北西ケニアに位置しており，ここで獲れる魚は主にビクトリア湖の近くにあるキスムやナイロビといった都市で消費される。ナイロビからは約800キロ離れており，鉄道はもちろんない。また，道路もメンテナンスがままならないために，壊れたアス

ファルトがむき出しになり、テレビでみるようなレース用のオフロードの道よりも過酷な交通状況である。スムーズに行けたとしても、車で丸2日は最低かかる。これまでに5回の調査を行ったが、車が壊れなかったことは一度もない。もちろんタイヤのパンクは日常茶飯事である。

トゥルカナ湖の魚は大変おいしいが、これまでこの魚を商うことには困難があった。以前までは魚の取引をする場合、丸2日かけて魚を輸送し、さらにその代金を自身でとりに行くか、誰かにお願いして現金で運んでもらうか、もしくは多額の送料を支払って、郵便を使うという方法しかなく、それらはすべてもらい損ねる可能性の高い方法であった。ところが、携帯電話の普及、特にM-PESAというサービスによって、これまで難しかった商売が簡便となった。しかし、小口の商人が恩恵を受けたのは束の間であり、より強い資本をもつ集団によって、あっというまに淘汰されたといえよう。

摩擦・衝突の回避

ケニアの牧畜民では、いまでも物理的な民族間の摩擦や衝突が絶えない。筆者の知っている範囲では家畜を盗られるというレイディング（強奪）が多いが、人が死ぬことも多々ある。家畜キャンプに行く10代後半から20代の青年たちは銃をもっており、筆者の調査キャンプまで弾を買うためのお金の相談にやってくる。しかし、携帯電話の普及によってこうした争いが減っているという。

彼らが家畜キャンプを転々とする理由は、家畜のよりよいえさ場を求めているということもあるが、レイディングにあわないようにということもある。定住するならば、敵にいつでも襲ってくださいという目標を地理的に与えていることなるが、移動し続ければ、その可能性はぐっと減少する。さらに、携帯電話を利用することで、

レイディングの企てなどの情報が事前に入り次第，キャンプを移せば，さらに被害に遭う可能性は減少する。

　近接性がローカルを意識する重要な契機であることをアパデュライが指摘している。ローカルなものと別のローカルなものが出会う近接性は，ローカルの独自性を認識させる。ただ，近接性のみが直接的な紛争の要因ではないといわれている（作道 2008）。特に植民地支配を経験した地域では，旧宗主国の政治経済的な思惑によって，紛争が醸成されていることが多い。また，メディア上の新たな共同体イメージの創造もそれに起因するだろう。別の人種同士が近接するから紛争が起こるのではなく，紛争がすでに設定されている状況では，物理的に引き離すことで決定的な惨劇を避けることもできるということである。世界市場において，日本がガラパゴス化戦略（閉鎖的戦略）をとることに対して，賛否はあるものの，争いたくないという意志の合理的帰結は，異文化間の出会いを避けるということになるのもわからないでもない。

おわりに

　本章では携帯電話の世界的普及の様相からグローバル化の一端について考えることを目的としてきた。グローバル化を議論する際に，メディア技術の普及は欠かせない基盤としてある。ベックが指摘したように，グローバル化の新奇性は既存の国家の枠組みを超えた自己認識，共同体，労働，資本の「場所の喪失」，グローバルなエコロジーの危機意識などにあるが，彼の指摘した新しい点の中でもっとも重要なことは「自分の生活のなかで，自分とはそりが合わないが確実に存在している別の文化を感じることを排除できない」ということである（ベック 2005）。

　一方，同じモバイル技術に基づいているとはいえ，それぞれの社

会における携帯電話の展開を見ていくと,同じ方向性をもっているとは言い難い。社会の中のメディアのあり方は,単なるテクノロジーの仕様によって決められるのではなく,受容される社会側の事情によって変質されたり,異なる方向に展開されたりすることがわかる。こうして複数の社会における展開を比較してみることによって,より立体的にメディアをとらえられることこそ,比較文化的な観点からメディアを学ぶ大きな意義の1つである。

そこで重要になってくるのは,どうして同じ技術の受容過程において文化的差異が生じるのかという点である。こうしたことを国民性の違いなどと,安易に説明してしまう言説も少なくないだろう。だが,本章で見てきたように,メディア現象は1つの要因だけで説明できる単純なものではない。モバイル・メディアの社会文化的受容過程については,技術や産業のあり方や社会の歴史や文化的傾向など,さまざまな側面から慎重に議論していく必要がある。

引用・参照文献

アパデュライ,A., 2004『さまよえる近代——グローバル化の文化研究』(門田健一訳)平凡社

ベック,U., 2005『グローバル化の社会学——グローバリズムの誤謬 グローバル化への応答』(木前利秋・中村健吾監訳)国文社

Castells, M. et al., 2007, *Mobile Communication and Society: A Global Perspective*, MIT Press

石川一喜,2008「ケータイの向こうに世界が見える」吉田里織ほか『ケータイの裏側』コモンズ

カービー,D., 2008『フィンランドの歴史』(百瀬宏・石野裕子監訳)明石書店

カセスニエミ,E. & ラウティアイネン,P., 2003「フィンランドにおける子どもと一〇代のモバイル文化」カッツ,J.E. & オークス,M.編『絶え間なき交信の時代——ケータイ文化の誕生』(富

田英典監訳）NTT 出版

春日直樹，1995「経済 I ――世界システムのなかの文化」米山俊直編『現代人類学を学ぶ人のために』世界思想社

キム・シンドン，2003「韓国：個人的な意味」カッツ，J. E. & オークス，M. 編『絶え間なき交信の時代――ケータイ文化の誕生』（富田英典監訳）NTT 出版

小林哲生・天野成昭・正高信男，2007『モバイル社会の現状と行方――利用実態にもとづく光と影』NTT 出版

コポマー，T.，2004『ケータイは世の中を変える――携帯電話先進国フィンランドのモバイル文化』（川浦康至ほか訳・解説）北大路書房

水越伸，2007「ケータイの問題状況とメディア論の課題」水越伸編『コミュナルなケータイ――モバイル・メディア社会を編みかえる』岩波書店

Nordic Council of Ministers, 2005, "Nordic Information Society Statistics 2005" (http://www.stat.fi/tup/julkaisut/isbn_92-893-1200-9_en.pdf)

プロ，J. P.，2003「フィンランド：ある携帯電話文化」カッツ，J. E. & オークス，M. 編『絶え間なき交信の時代――ケータイ文化の誕生』（富田英典監訳）NTT 出版

ロバートソン，R.，1997『グローバリゼーション――地球文化の社会理論』（阿部美哉訳）東京大学出版会

作道信介，2008「紛争へのアプローチ」大渕憲一編『葛藤と紛争の社会心理学』北大路書房

Statistics Finland, 2009, "Telecommunication 2008" (http://www.stat.fi/til/tvie/2008/tvie_2008_2009-06-09_en.pdf)

タイパレ，I. 編，2008『フィンランドを世界一に導いた 100 の社会改革――フィンランドのソーシャル・イノベーション』（山田眞知子訳）公人の友社

読書ガイド

●ベック，U.『グローバル化の社会学――グローバリズムの誤謬

グローバル化への応答』（木前利秋・中村健吾訳）国文社，2005年

　グローバル化に関する社会学的な議論を網羅的に押さえられる。多様な論点を1冊で一挙に知ることができる便利な本だといえよう。

●コポマー，T.『ケータイは世の中を変える──携帯電話先進国フィンランドのモバイル文化』（川浦康至ほか訳・解説）北大路書房，2004年

　1990年代後半のフィンランドにおけるケータイ社会・文化について分析・考察したもの。最新データではないが，逆にケータイ普及初期の様子を新鮮に見ることができる。

●水越伸編『コミュナルなケータイ──モバイル・メディア社会を編みかえる』岩波書店，2007年

　実践的かつ批判的見地から日本のケータイのありようをとらえて，「コミュナル」なメディアとしてのケータイをデザインしていくことを提案した論集。

Column ㉑　韓国のケータイ前史——「ピッピ」の文化

　ケータイ以前に流行っていた「ポケベル」こそ,日本のケータイ文化の前史であるという見方が提示されたことがあるが,韓国でも似た歴史が存在する。韓国のポケベルは,「ピッピ（鳴る音がピピピピーだったためつけられた愛称）」と呼ばれる。1990年代前半韓国でのピッピの人気は,日本のポケベルよりもはるかに高かった。当時のピッピの契約者数が人口の4分の1の1000万件を超えるくらいで,若年層に限らず誰もが持ち歩く,まさに「ピッピの時代」があったわけである。

　ピッピの使い方は基本的にポケベルと同じ。番号で呼び出せば,持ち主のピッピにコールバック用の電話番号が表示される仕組みだった。日本で数字の配列によってやりとりする「ポケコトバ」の文化が盛んになったことが知られているが,韓国でも似たような文化があった。たとえば,「8282（音読みすると『早く早く』という韓国語に似ており,『早く』を意味）」「1004（音読みすると『天使』の韓国語に似ており,『大事な人』を意味）」などがよく使われたピッピの文字だった。

　ところが,ポケコトバの文字文化をさらに極める方向に展開された日本のポケベルとは違って,韓国のピッピ文化は音声メッセージを介したコミュニケーションをもって遊ぶ方向に展開された。そのきっかけになったのが,付加サービスとして導入された「音声私書箱」と呼ばれた機能であり,呼び出すときに短い伝言を録音・保存することができるサービスだった。ピッピ機能にいわゆる留守番サービスが付加される形態であるが,呼び出し側が伝言を残すだけではなく,持ち主が自らのメッセージを聞かせる告知機能も付いているものだった。つまり音声私書箱を使えば,残された音声メッセージで非同期的に音声コミュニケーションをとることができる。この機能は大変な人気を集めて,そこからピッピの独自のコミュニケーション文化や遊びが生まれた。たとえば,恋人同士でパスワードを共有して,音声私書箱を介してやりとりをしたり,好きな音楽を「告知音」として録音して聞かせたりすることが,当時韓国の若者の間に大変流行っていた。ピッピの告知機能を使って不特定多数にメッセージを発信することもあった。

たとえば，自分が創作した物語を定期的に朗読，発信する「ピッピ小説」というものが注目を浴びたこともある。音声コミュニケーションで遊びながら発信していくピッピの文化は，韓国のケータイ文化の前身を成り立たせたといえよう。

Column ㉒　戦場ジャーナリストからみたケータイ

2010年，アフガニスタン北部クンドゥズ州で5カ月間，現地の軍閥組織に誘拐されて驚いたのは，電気も水道もない，まるで石器時代のようなこの地域に，携帯電話のアンテナだけはあり，高校生ですら携帯を持っていることだった。しかも，通信速度は遅いが世界中で採用されている通信方式のGPRS/EDGEの安価なパケット通信サービスも提供されており，オープンなインターネットに接続することが可能だった。

だから，私は誘拐犯の1人の携帯を借りて，Twitterに「まだ生きていますが，獄中にいます」と，書き込むことができたのだった。

日本で同じことができるようになったのは，つい最近，iPhoneなどのスマートフォンが現れてからだ。それまでは，ガラケー（ガラパゴス・ケータイ）と俗称される日本独特の携帯電話で，iモードに代表される，携帯会社が管理する通信だけが許可されるイントラネット方式の閉鎖型データ通信で，専用端末，専用ブラウザがなければウェブを閲覧できない状態が続いていた。

2011年1月から中東アラブ世界で続いた民衆革命では，携帯が民衆の武器となった。SMS（ショートメール）が最大の情報伝達手段となり，携帯からアクセスするFacebookやTwitterが「バーチャル基地」として使われた。携帯カメラで撮った動画や静止画が，パケット通信でネット上にアップロードされ，これが歴史を記録した。

この現場に，日本のジャーナリストたちもはせ参じた。が，日本は世界で唯一，特定の携帯会社の回線でしか使えないように機能制限するSIMロックの携帯しか事実上流通していない。1人はそんなロックのかかったiPhone（ソフトバンク版）を持ち込んだものの，もちろん現地の回線では使えず，現地からの発信といったことはできてい

なかった。日本の「ガラケー」は，たとえ「海外対応ケータイ」などと宣伝されたものであっても，国際報道の仕事の道具としては何の役にも立たない。

日本の記者やカメラマンが通信事情に悩んでいる中，中東の衛星放送局アルジャジーラも，欧州のジャーナリストたちも，自在に携帯を使って，取材データを外の世界に送るなどしていた。

通信は当然，報道の手段だ。これに弱いということは，報道の弱さに直結しかねない。ガラパゴス化した日本の通信を巡る環境は，日本の報道を弱くする一因となっている。

日本では，子どもに携帯をもたせるべきか否か，といったテーマの議論が続いている。が，アフガニスタンのような途上国でも，欧州でも，そんな議論は聞かない。携帯の基礎機能は通話とSMSであって，「有害サイトにつながる携帯」という発想自体がない。iPhoneのような高性能なブラウザを備えた携帯であればもちろん，有害サイトの閲覧も可能だが，それは一般的なインターネット利用のリスクと同一のもので，携帯だから特に危険，というものではない。

ガラパゴスの弊害はプロフェッショナルの現場から子どもの日常にまで及ぶ。ガラパゴス的環境の維持は，通信事業者にとって市場独占の役に立つだけで，ほかには何ら益のない日本社会の歴史的失敗のように，海外に出た日本人としての私の目には見える。

第12章

モバイル・メディア社会の未来を考える

「網膜投写型ディスプレイ付きメガネ型端末」と「アクセサリー型カメラ端末」の組み合わせによる近未来のモバイルメディア(NTTドコモ「HEARTイメージVIDEO──CULTURE SYMPHONY」〔2010年〕より。提供:(株)NTTドコモ)

introduction

　　日本の携帯電話の契約数は総人口とほぼ同じ数に近づき,子どもからお年寄りまでだれもがケータイをもつ時代になった。端末が高機能化するとともに,ネットワークも高速大容量化が進み,ウェブ上のさまざまなサービスをいつでもどこでも利用できる。そうしたメディア環境のもとで,私たちとケータイの関係,さらにはその中での私たちの日常はどのようになっていくのであろうか。最後の章では,ケータイがさらに進化/深化した社会──モバイル・メディア社会の未来像を私たち自身で考える道筋を検討してみることにしよう。

1 ケータイ社会の現代

ケータイのもたらす親密空間

　ケータイが普及した社会では，当然ながらいつでもどこでも，人々が連絡を取り合うことができる。それがもたらす人々のつながりとはどのような性格を帯びていると位置づけられるのだろうか。

　1990年代末，携帯電話の普及が進んだ大学生への調査を中心に，利用実態を研究してきた仲島一朗らは，携帯電話を通じて形成された親密なコミュニケーションの場を「フルタイム・インティメイト・コミュニティ」と呼んだ。「特別に親しく，普段からよく会っている仲間との絆を一層強め，心理的には24時間一緒にいるような気持ちになれる」場，あるいは「いろいろな場所に分散し，異なる状況に置かれている親しい仲間が各自のペースで集まる」うえで，「時空を調整するための場」だというわけである。そしてその機能は，携帯電話が普及する以前はカラオケボックスやファーストフード店が担っていたが，携帯電話のネットワークがそれにとって代わったのではないかという（仲島ほか 1999）。これは，それ以前にメイロウィッツが「場所感の喪失」と呼んだメディアによる社会的空間の変容（メイロウィッツ 2003），あるいはガンパートが「地図にないコミュニティ」と呼んだ電話による地縁性を超えた共同体の具体化したもの（ガンパート 1990）などが，より深化していった状況ととらえることができる。

　のちに，ケータイ・メールの交換が日常的になり，より気軽に連絡を取り合うことが可能になる。インターネットや携帯電話の普及下における生活時間の調査を2001年に行ったNHK放送文化研究所のグループは，10～20代の女性を中心として，若い年代が日常

生活のさまざまな行為と並行してケータイ・メールをやりとりする実態を明らかにしている（三矢ほか 2002）。

この、いつでもどこでもつながる親密な空間のもとで形づくられる人間関係は、当初、ケータイの着信表示をみて行う通話選択（「番通選択」）が関与する「選択的関係」として位置づけられ（松田 2000）、のちにはアドレス帳への連絡先の登録によって「繋がりうること」が確保されるという「データベース型人間関係」ととらえられた（鈴木 2005）。

いずれも、ケータイやネットなどの新しい情報メディアにより人間関係が希薄化している、という批判に呼応して現れた議論である。前者の議論では、自分にとって都合のよい関係に閉じてしまい、それ以外の他者や、公的なものには背を向ける「私生活主義」におちいるおそれがあるものの、人々に多様で個別的なアイデンティティの基盤を提供できる趣味縁的な関係をもたらす可能性を含んでいるとされた。また後者の場合は、つねにやりとりをし続けなければ関係が失われるのではないかという不安を煽るので、「ケータイ依存」を助長しやすいとする一方、強力なリーダーシップがなくても「ノリ」で集団として協働できるという可能性が見いだされた。

こうした関係は、ケータイ端末の多機能化とメールなどの多様なサービスに呼応して広がりを見せたが、これらのケータイの機能的な拡大と同質のサービスをインターネット上の一連のサービスとして提供したのがいわゆるソーシャル・メディアの数々であるといえるだろう。

ソーシャル・メディアと人間関係

「マイミク」などの友達登録でつながりが広がっていく「ミクシィ」や、米国発で世界中に広まった「Facebook」などのソーシャ

ル・ネットワーキング・サービス（SNS），ユーザー同士がフォローし合い，短い書き込みがタイムラインとよばれる画面上に積み重ねられていく Twitter など，2000 年代半ば以降にさまざまなサービスが現れ，急速に利用者を増やしてきた。これらのサービスはパーソナル・メディアでも，マスメディアでもないという意味から，ソーシャル・メディアという分類に組み入れられて，日本のインターネット接続ケータイ端末に実装されたり，スマートフォンのアプリになったりすることで，より手軽に利用できるようになった。

情報工学の研究者である大向一輝は，「ユーザー間の相互承認によって作られた社会ネットワークの上で情報がやりとりされる」点を SNS の特徴として挙げる。そこでは利用している内部の知人関係を単純化してとらえられるようになっていることで，「知人関係のメンテナンスが容易になるとともに，情報がどのような関係構造に基づいて届けられたのかが把握しやすくなり，結果として利用に際する心理的負荷の減少につながっている」とする（大向 2007）。しかしそのネットワークに参加する 1 人ひとりの人格は，関係する相手によって多面性を帯びているのが普通である。家族や親戚，学校，仕事先，近隣社会等々，そしてプライベートな友人といってもさまざまな領域にわたっているだろう。実社会のコミュニケーションはそうした多様な関係性の中で交わされる。それぞれの関係においては，ある知人には話せても，別の知人には知られては困るということは少なくない。しかしネット上の SNS のサービスでは関係性がひとつの平面に一元化されるので，活発なユーザー，すなわち登録された知人の多いユーザーほど気をつかうことが多くなってしまう。その結果として SNS の中でコミュニケーションが取りづらくなってしまうというパラドクスに直面し，ある種の「SNS 疲れ」に陥るメカニズムが見いだせると大向はいう。初期の SNS に比べ

れば、その後は友人などへの公開範囲の設定が細かくできるようにはなったものの、デリケートな問題をはらんでいることには変わりない。

一方鈴木謙介は、SNSなどで形成されるデータベース的に可視化された人間関係の中で、友人関係がデータベースとのやりとりの中に自足し、閉じてしまうことを危惧していた（鈴木 2005）。インターネットのオープンな空間の中で、つながりのつながりを生むことによって、ソーシャル・メディアは選択的な関係性の新たな可能性を開いていくはずであった。しかし同時に、クローズドな空間を生み出してタコつぼ化する契機ももっていたわけである。

分断される社会

　パソコンやケータイからのインターネット利用があたりまえになるとともに、ニュースやショッピングなどの情報をそこから得ることも日常化している。この流れがすすむことで、情報摂取のタコつぼ化が進むおそれもまた存在する。

　たとえば、2010年に日本国内で実施された調査によると、ニュースの情報源としてもっとも重要なメディアとしては、全年齢層を通してテレビが多いものの、30代以下では、PCサイトや携帯サイトが新聞を上回っていて、低年齢になるほど新聞を挙げるものはごくわずかとなってしまっている。また、ショッピングの情報源として重要なものでは、PCサイトや携帯サイトが20代で上位を占めているのを中心に、若い年代層で重視されていることがわかる（橋元ほか 2011）（図12-1，図12-2）。

　ニュースサイトやネット上の広告だけでなく、TwitterやFacebookなどのリンクを通じて、あるいはミクシィのニュース欄などから二次的にニュースにふれる機会も増している。米国の法学

図 12-1　もっともよく利用する「国内ニュース」情報源

（出所）　橋元ほか 2011。

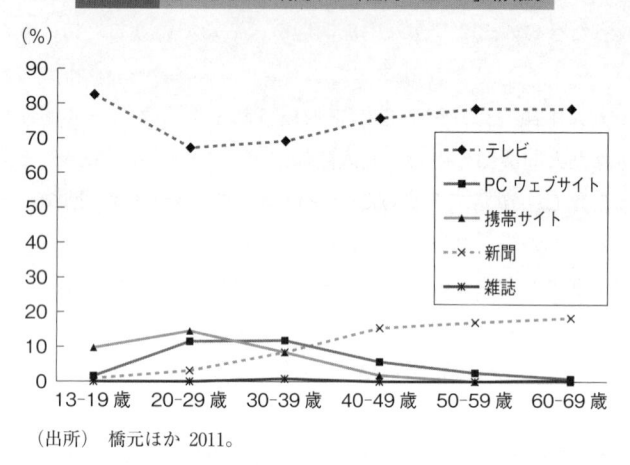

図 12-2　もっともよく利用する「ショッピング」関連の情報源

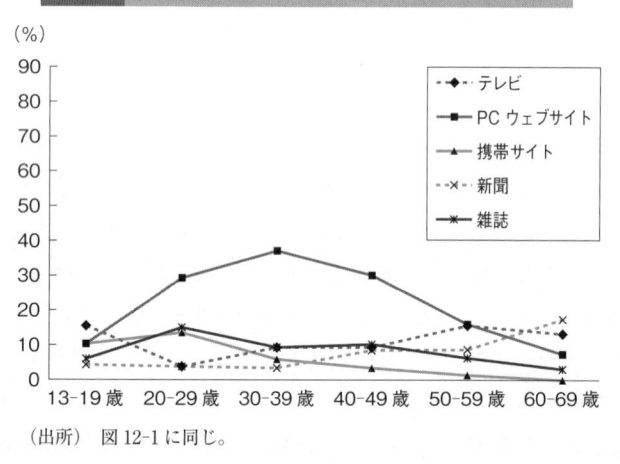

（出所）　図 12-1 に同じ。

者，C. サンスティーンは，ネット時代には自分向けの新聞「デイリー・ミー」が配信されることで，読みたい記事だけを読むことができるようになるという MIT（マサチューセッツ工科大）メディアラボ教授の N. ネグロポンテの予言を紹介し，そこから生まれる小さな世界の乱立を危惧するが，予言のように既存のマスメディアをカスタマイズできるようになる前に，上で紹介したとおり選択的に情報に接する習慣はすでに広まってきている（サンスティーン 2003）。

こうした流れの行き着く先を具体的に描いてみせたのが，2004 年に米国でウェブ上に公開された「EPIC2014」という動画である。ウェブと検索エンジンをはじめとするインターネット上のサービスが，将来どのように展開していくかについて，未来の博物館がつくった歴史映像というスタイルで示したもので，その衝撃的な内容から米国のメディア業界では注目を集めた。その結末はというと，グーグルとアマゾンが大合併し，ブログの書き込みから携帯カメラでアップされた画像や動画，そして調査報道にいたるまで，全世界のありとあらゆる記録を検索エンジンが抽出して記事を自動生成し，個々人の志向やライフスタイル等に適合した情報配信を行うシステム「EPIC」を生み出す。そのため旧来の新聞媒体はネット上のニュースサイトに太刀打ちできなくなり，紙媒体に引きこもらざるをえなくなる，というものであった（Sloan & Thompson 2004）。

EPIC のように記事が自動生成し配信されるというシステムまでは実現性が低いという声は動画の発表当時から少なくなかった。しかし，アマゾンとの合併などはともかく，グーグルの研究開発能力をもってすれば，いずれは実現してしまうのではないかとも思わせるところもある。動画に示された EPIC と呼ばれる情報共有のシステムの「最高の状態では，見識のある読者に向けて編集された，より深く，より幅広く，より詳細にこだわった世界の要約といえる。

しかし，最悪の場合，多くの人にとって，ささいな情報の単なる寄せ集めになる。その多くが真実ではなく，狭く浅く，そして扇情的な内容となる」(Sloan & Thompson 2004) という未来像が示すように，ニュースのネット配信がSNSなどのソーシャル・メディアと結びついて発展することで，情報摂取のタコつぼ化をすすめていく可能性は多分にある。その中で，同じ意見をもつ集団とだけつながりをもち，極端な立場（たとえば「ネット右翼」など）に固まってしまう集団分極化や，ウェブサイト上で多数が攻撃的な意見をぶつけたり，誹謗中傷をぶつけたりするサイバーカスケードが生じる問題を，先に紹介したサンスティーンが指摘している。タコつぼ化による社会の分断が，現代の私たちの社会の基層を成す民主主義に対して重大な脅威となることは，彼だけでなく多くの論者が示しているところである（鈴木 2007）。

2 　ユニバーサルサービスの終焉

デジタル化するメディアの底流

　ケータイを中心としたメディア環境において，人間関係の選択や，情報摂取の選択などの裁量が，メディアの変容と合わせて拡大していくことで，親密圏や生活圏が狭い領域に閉じこもってしまうおそれが一方で増している。他方，これらのメディア環境を裏で基盤として支えてきた情報技術のシステムや制度も，大きな時代の流れの中で，利用者に裁量を委ねる方向に進んできたという事実がある。そのことは同時に私たち利用者がさまざまなリスクを意識せざるをえない状況をもたらしている。以下で少し紹介してみよう。

　情報技術をめぐる思想や法制度の問題を幅広く論じてきた名和小太郎は，情報関連の製品の現代に至る趨勢を次のように整理する。

それは，筆者なりにごく単純化すれば，私たちが普段の生活の中で用いているメディアがデジタル製品となったこと，そしてそのデジタル製品がかつての製品とは大きく異なる性格を帯びていることだといえる。

　デジタル化が進む以前のメディア，たとえばテレビやラジオあるいは電話機などからみれば，メーカーが不完全な製品を市場で販売するというのは，あってはならないことである。だが，デジタル製品の場合，典型的な例がパソコンであるが，オペレーティングシステム（OS＝基本ソフト）などセットで売られる領域にバグなどの問題を抱えていることは少なくない。そして，欠陥への対応は修正プログラムのつぎはぎ，すなわち「パッチ」という形で提供される。そうやってメーカーによって「保守」され続けることがサービスであり，その必要がない完璧な状態で販売されるということはありえない。保守サービスが終了するときは，製品の販売が終了して次の新しい製品に移行したときなのである（名和 2007）。今日のデジタル化したメディアの多くは，こうした「ソフトウェア型」の発想に基づいてつくられていて，つねに更新されることで安心して使用できるものとなっているのである。それらは使用者自らが「アップデート」という形でメンテナンス（＝保守）し続けなくてはならない。そこには根本的な思想の転換がある。

ケータイにおける「アンバンドリング」

　名和が指摘する変化の中に，技術思想の基盤にかかわるもうひとつの大きな流れとしてアンバンドリングが挙がっている。アンバンドリングとは，もともとはコンピュータのハードウェアとソフトウェアの抱き合わせ販売をやめることを指していた。行政側の思惑としては，個別の領域それぞれにおける業者間の競争をうながし，結

果として市場価格の低下をもたらすことが目論まれていた。1980年代以降の経済政策における市場主義の傾向を反映して，その流れは技術製品の他の分野，さらにはサービスのアンバンドリングへと広がった。

日本の通信業界を例にとると，1985年のNTT民営化までは，電電公社が事業を独占し，電話局の交換機から家庭の黒電話までのすべての通信網を管理し，安定した通話を全国均一に提供するという義務を負っていた。これをユニバーサルサービスという。だが1980年代以降，規制緩和を通じて競争原理を導入し，経済の自由化を通じて産業界を活性化させようという動きが世界的な広がりを見せた。日本においても産業の各分野で規制緩和の大きな流れが生じ，通信業界もその例には漏れなかった。その中で1985年に電電公社からNTTへの民営化が実施され，続いて新規事業者の参入，そしてNTTの分割化が行われた。こうして通信事業におけるアンバンドリングが生じたことにより，それまで保たれていたユニバーサルサービスが解体していく。

たとえばかつては家庭に電話を引く際に，電話局に申し込めば電話機が設置され，配線がなされて電話をかけられた。しかし現代は，自宅で通信を接続してパソコンでインターネットを使おうとすれば，まず回線を自宅まで引き，パソコンを買い，モデムなどの通信ターミナルを買い，さらにプロバイダの契約が別途必要になってくる。個別の領域ごとに競争が生じることで，それぞれの料金は大きく値下がりした。しかしいったんトラブルにあえば，どの段階に原因があるのか，なかなかわかりにくい。電電公社がすべて面倒を見てくれた時代とは異なり，個々の事業者は自分の担当する領域しか把握できないからである。

これらの大きな潮流の中にあっても，日本の携帯電話業界の場合

は，通信事業者がサービスや製品の開発に主導権をもち，端末メーカーをコントロールする垂直統合型の業態が継続してきたことで，高機能な携帯電話が容易に手に入り，通信事業者の提供する比較的安定したパッケージの下でインターネットも使えるという一般利用者の環境が形づくられてきた（→ Column ②）。しかし国内市場の閉鎖性と業界の国際競争力低下を危惧する行政側によってアンバンドリングの推進がなされ，ケータイにおける通信事業者間を越えた電話番号の移行制度（ナンバーポータビリティ）や端末の販売奨励金の廃止に向けた指導などが行われた。また，通信事業者による限定のないオープンな環境でのインターネット利用を前提としたスマートフォンが一気に拡大したことで，2010 年前後を境に業界のあり方も変化を余儀なくされている。

　このように，ユニバーサルサービスがいわば解体へとむかう中，新規参入の事業者をとりこんだ競争原理が働くことで，製品やサービスの価格はおおむね下落しつつも機能は高度になるという恩恵を利用者が得ることはたしかである。だが他方で，利用者が自らの責任で選び，行動するリスクも引き受けざるをえない状況へと時代の流れは向かう。価格面や多様なサービスの面のそれぞれで事業者間の激しい競争が繰り広げられ，利用者から見れば，果たしてどの料金体系が得なのか，どのサービスを契約すればよいのか，どの端末を使えばいいのか，など，多岐にわたりすぎて状況を把握できなかったり，損をしてしまったりすることも生じかねない。そうした複雑な状況に翻弄されているのが私たち利用者の実状ではないだろうか。

3　モバイル社会の未来を生きるために

2つの方策

　第1節ではケータイ・コミュニケーションが，いつでもどこでもつながる親密な空間をより深化させる一方で，細かく分化した親密圏にそれぞれが閉じこもるおそれが生じていることをみてきた。他方，ケータイ・コミュニケーションを支えるシステムや制度の側も，第2節で見たようにアンバンドリングの流れの中で細分化し，利用者の裁量の余地が拡大する中で同時にさまざまなリスクと向き合うことになってしまった。ただし，技術的な基盤となるシステムについては，細分化したといっても，技術標準という原理によって通信の接続手順や規格など，各事業者が守るべき原則が明示されている。しかし，利用者である私たちは，あらかじめそういった原理原則のもとにコミュニケーションをとるわけではない。

　ケータイの普及，発展とともに，一方で私たちは大きな利便性を手にし，また生活や文化の変容を経験してきた。しかし他方で，さまざまな問題にも直面させられてきた。たとえば迷惑メールとそれを用いた詐欺行為，「出会い系」と呼ばれるようなさまざまなサイト，ネットいじめ，あるいはメールやウェブなどを通じて広がるデマなどである。新しい機能やサービスが加わると，そこにつけ込んだり，スキを狙ったりした悪意ある行為が装いをあらためてかならず現れるし，使う側も便利さに目を奪われてともすれば問題点を見落としかねない。

　良しにつけ悪しきにつけ，私たちは新しいメディアの「目新しさ」に振り回されてしまいがちである。また第1章でも述べたように，ケータイは日常生活に深く埋め込まれたメディアであるため，

対象化しにくい存在でもある。そうした中で今後私たちが主体的，創造的にケータイというメディアと向き合っていくためには，どのような道筋が考えられるだろうか。

ここではその方策としてメディア・リテラシーのさらなる探求と，批判的メディア実践という2つの方法を取り上げてみることにする。

メディア・リテラシーの意義

水越伸によれば，メディア・リテラシーとは「メディアを介したコミュニケーションを反省的にとらえ，自立的に展開する営み，およびそれを支える術や素養のこと」だと定義される（水越 2011）。日本では国家的な政策として情報化を推進する中で，メディア教育の充実が叫ばれてきたものの，必ずしもそれが結実してきたわけではないという点を第1章のほか，第7章でも少しふれた。学習指導要領の中で情報教育が正式に導入され，メディア・リテラシーという用語もかなり定着してきたかに見えるが，学校教育で取り扱われる領域はまだせまく，そこで対象となるメディアの中にケータイが入るか微妙な位置にある。しかし，メディア・リテラシーがその対象とすべき領域からは，学校への持ち込みが禁止されているからといって，ケータイを除外してよいというものではないし，その内容も「メディアの正しい使い方，接し方」を学ぶこととは異なっているべきだろう。第2章や第3章でみてきたケータイの発展のプロセスが示すように，メディアは多くの場合正しくない使われ方のもとで新たな発展を遂げてきているのだ。そうした経緯に対する理解を深めつつ，メディアの成り立ちや私たちのメディアへの接し方などに対する深い考察に根ざしたメディア・リテラシーをめざすべきであろう。

また，小・中学校でのケータイ持ち込み禁止，および高校でのケ

ータイ使用禁止の措置に見られるように，学校教育の現場では新たなメディアを排除したり否定したりするような対応もしばしばとられる。しかし重要なのは，外部から害悪としてのメディアがやってくるのではないという点である。そこでは感染症対策として行われるような除染や隔離などといった対応，あるいは抗生剤を使うように，特効薬に期待するものとは異なる対応が必要とされる。インターネットやケータイなどの情報メディアと接していく際には，情報モラルの問題，不正アクセス，コンピュータ・ウィルス等々，日々の使用する行為の中にリスクが内在していて，そのリスクをいかに下げるかということが問題となる。それはいわば，がんや生活習慣病のリスクに対する場合と同様な方策だといってもよいだろう。その延長上に「持ち込み禁止」という選択肢はありえず，むしろどのように接するかを熟考させる場がまず必要とされるはずだ。

「批判的メディア実践」としてのワークショップ

では，今後のモバイル社会を考える際に，技術決定論的な枠組み（→ Column ①）にとらわれることなく，また産業界の思惑にも振り回されることなく，自分たち自身で構想していくには，どういったやり方が可能であろうか。そのひとつの方法論として，水越らはワークショップを用いた批判的メディア実践を提案している。ワークショップとは従来，参加型学習や創造的な実践活動の形式として，市民活動や芸術，学習などの分野に取り入れられてきたものであり，一定のプログラムのもとに，ファシリテーターと呼ばれるリーダーが何らかのきっかけを呈示しながら進行させていくスタイルを取る。これがメディアと結びつけられるときには，メディアはあくまでもワークショップの進行にあたって活用される道具にすぎなかった。それに対して，批判的メディア実践では，主催者はメディアと私た

ちの関係を明らかにする場としてワークショップを設定し，ワークショップに関わる人々の反応や行動すべてを分析対象に含める。主催者もまたその例外ではなく，自分たち自身をも反省的に分析の対象としていかなければならない。そのことによって，ワークショップ的方法は研究の方法論として有効になるというのである（水越 2011）。

批判的メディア実践を行う際には，新しいメディアのあり方をデザインしてみたり，メディアの個人史を振り返ってみたり，身近なメディアを使った創作表現を試みたりといった，さまざまな場が設定される。その中でも筆者の場合は，近未来のケータイのサービスや端末を考える実践を何度か行ってきた。その背景には次のような事情がある。これまで新しいメディアの開発に当たって，可能性としての将来像を描き出すために，利用者へのアンケート調査やインタビューがしばしば行われてきた。それらは一定の成果を生み出してきたし，また研究には欠くことのできないものだ。しかし，そうした調査からざん新なアイディアをつねに引き出せるわけではない。なぜなら想像もつかない新しい機能やサービスを人々が求めることはありえないからだ。そのため，将来のニーズを引き出すための予測は，あまり新味のないものになってしまったり，後から振り返ってみると現実のほうがはるかにその予測を超えてしまっていたりすることがしばしば起こる。

その例に，ポケベルのケースが挙げられる。かつては若者の必携ともいわれ，女子高生の名刺や使い捨てカメラと並ぶ「三種の神器」としてはやされたこともあったポケベルが，今ではほとんど使われなくなってしまったプロセスはすでに第 2 章で触れた。そのポケベルが拡大期にあった 1994 年，郵政省（現・総務省）の電気通信審議会技術審議会は，将来予測として 2010 年までに加入者が 3400

万に達するとしていた。また筆者らが実際にインタビュー調査をして歩いていた頃は，当の若者たち自身，ポケベルがあればケータイは必要ないとさえ言っていた。しかしひとたびケータイに文字メッセージ交換機能やメール機能が実装されると，ほどなくポケベルはケータイにとって代わられ，衰退の一途をたどったのである。

自動車や鉄道が存在しない時代においては，そうしたものの発達／普及した社会がどのように構成されているかを想像することは難しいし，そうした社会でどんなニーズがあるかを思い浮かべることができない。それゆえ，ワークショップという日常とは異なる時空間を経験する中で考察することに意味が生まれるわけである。私たちはそこに参加することで，与えられた課題に対峙しつつ調査しながらデザインし，デザインしながら調査するという往還運動を経験する。そのことを通じて，モノとユーザーとの関わりの深い領域にらせん的に分け入りつつ，自分たち自身によるメディアのあるべきかたちを描き出すことができるのである。

私たちのつくる未来

筆者はかつて，未来のモバイル社会を予測するプロジェクトのワークショップに参加したことがある。私たち自身で将来のモバイル社会を考えるうえでは，その際に依拠した手法がヒントになるだろう。それは，バックキャスティングと呼ばれるもので，「最初にあるべき理想的な将来像を描き，その将来像を実現するために何をしていけばよいのか，未来から現在を振り返って個々に目標をセットしたうえでロードマップを展開する手法」である。これからの時代においては地球環境問題や高齢化，人口減少などといった外的要因の制約を受けながら，望ましい社会を構想していかねばならない。そのためには過去のデータに基づく確率的な予測とは異なる未来像

図 12-3 ワークショップ成果物の一例

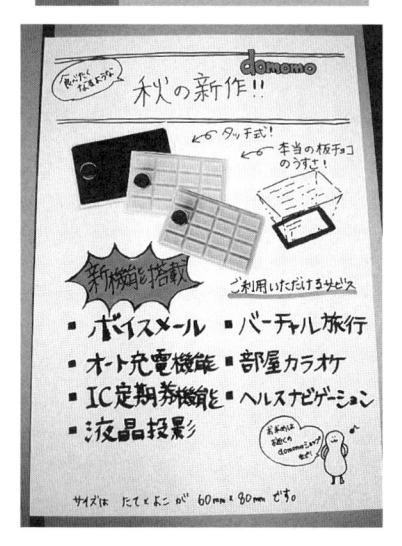

（出所）　2011年奈良女子大学の集中講義にて。

の描き方が求められていると，このプロジェクトを企画した遊橋裕泰は述べている（遊橋 2005）。筆者の参加したワークショップではさまざまな分野の専門家が集まって議論し，2030年までの日本をとりまく政治，経済，あるいは社会生活のさまざまな局面，自然環境や災害などをいろいろと想定しつつ，その中でのモバイル生活がどのようなものとなるべきかを構想していった（モバイル社会研究所 2006）。

　筆者もこの手法を応用して，10年後など未来のケータイを構想するワークショップを重ねてきている。そこではまず課題に設定した時代のマクロ的な社会状況や，日常生活の具体的な局面をイメージし，その中で特定のユーザー像を対象としたモバイル端末やサー

ビスを描き出していく。そこに表されるイメージは，通常のグループインタビューやアンケート調査からは得られないようなユニークなものが少なくない（岡田 2010）。

私たちの日常生活の延長上にありながらも，ありきたりの発想にとらわれないような，望ましいケータイ，そして情報社会とはどのようなものをいかにして想定できるのであろうか。本書で得られた知識を総動員し，またそれぞれの想像力を最大限働かせながら，それぞれのイメージをふくらませていくことは，きっと実り多い経験になるに違いない。

引用・参照文献

ガンパート，G., 1990『メディアの時代』（石丸正訳）新潮社
橋元良明ほか，2011「情報行動の全般的傾向」橋元良明編『日本人の情報行動 2010』東京大学出版会
松田美佐，2000「若者の友人関係と携帯電話利用——関係希薄化論から選択的関係論へ」『社会情報学研究』4
メイロウィッツ，J., 2003『場所感の喪失〈上〉——電子メディアが社会的行動に及ぼす影響』（安川一ほか訳）新曜社
三矢惠子ほか，2002「広がるインターネット，しかしテレビとは大差——『IT 時代の生活時間』調査から」『放送研究と調査』2002年4月号
水越伸，2011『21世紀メディア論』放送大学教育振興会
モバイル社会研究所企画／編集，2006『きみがつなぐみらい——モバイルビジョン 2030』NTT 出版
仲島一朗・姫野桂一・吉井博明，1999「移動電話の普及とその社会的意味」『情報通信学会誌』16 (3)
名和小太郎，2007『イノベーション——悪意なき嘘』岩波書店
岡田朋之，2010「ワークショップ的方法を用いたメディアの可能的様態の検討」『情報研究』（関西大学総合情報学部紀要）32
大向一輝，2007「活字の届く場所——ブログとコミュニケーションの未来」『インターコミュニケーション』16 (1)

サンスティーン，C., 2003『インターネットは民主主義の敵か』（石川幸憲訳）毎日新聞社

Sloan, R. & Thompson, M., 2004, *EPIC 2014*

鈴木謙介，2005『カーニヴァル化する社会』講談社

鈴木謙介，2007『ウェブ社会の思想——〈遍在する私〉をどう生きるか』日本放送出版協会

遊橋裕泰，2005「2030年モバイル社会の将来ビジョン構築プロジェクトについて」『MobileSociety Review 未来心理』Vol. 003, モバイル社会研究所

読書ガイド

●**丸川知雄・安本雅典編『携帯電話産業の進化プロセス——日本はなぜ孤立したのか』有斐閣，2010年**

　携帯電話産業の発展過程を，携帯電話事業者と端末メーカーとの関係から描き出した貴重な研究。日本国内の状況だけでなく，諸外国の状況とも比較しながら，各国の業界の特徴と今後の展望を描き出している。

●**水越伸『21世紀メディア論』放送大学教育振興会，2011年**

　メディア論に対する今日的なアプローチを新たな角度から試みた本。放送大学の教材として著者がこのテーマを手がけるのは3冊目だが，ケータイについて多くの紙幅が割かれていて，メディアとしてのケータイをどのようにとらえていけばよいか，参考にすべき点は多い。

●**名和小太郎『イノベーション——悪意なき嘘』岩波書店，2007年**

　情報化の根本的な意義がどのように現代社会に作用しているかをいくつかのキーワードから明らかにしてくれる本。情報社会をとらえなおすうえでの基本的な視点や重要な技術思想を解説してくれる。

◆移動体メディア関連年表

年	日本国内の移動体メディア	おもな社会事象
1872		横浜〜新橋間の鉄道開通
1900	海軍省,軍艦「浅間」と「竜田」間で3マイルの海上通信に成功(3)	

年	海外の移動体メディア	移動体以外の関連メディア
1835		〔米〕モールスによる電信機の発明
1837		〔仏〕ダゲールによる写真現像法の完成
1864		〔英〕物理学者マクスウェルが電磁波の存在を予言
1866		大西洋横断海底電信，交信に成功
1870		日本初の日刊新聞『横浜毎日新聞』創刊。横浜〜東京間の電信開通。公衆電報の取り扱いも始まる
1876		〔米〕ベルによる電話の特許獲得
1877		〔米〕エジソンによる蓄音機（フォノグラフ）の発明
1887		〔独〕物理学者ヘルツが火花発信機によって電磁波の存在を証明
1890		東京〜横浜間で電話交換開始（1）
1891		〔米〕ストロージャーによる自動電話交換方式の考案
1893		〔ハンガリー〕テレフォン・ヒルモンド開設（電話による放送）。1911年には米でテレフォン・ヘラルド設置。
1895		〔仏〕リュミエール兄弟による映画の発明 〔独〕ベルリーナによる円盤レコードの開発 〔伊〕マルコーニが電磁波式無線電信の実験に成功
1897		逓信省電気試験所で無線通信の実験に成功（日本の無線実験スタート）
1900		日本最初の公衆電話が新橋駅，上野駅に設置される（9） 電波法施行。「第一条　電信及電話ハ政府之ヲ管掌ス」→電波行政の始まり。1915年には無線電信法施行

移動体メディア関連年表

年	日本国内の移動体メディア	おもな社会事象
1904		日露戦争勃発→翌年の日本海海戦で「信濃丸」より「36式無線電信機」による「敵艦見ゆ」の第一報→世界で初めての無線の実用と言われる
1914		第一次世界大戦勃発（〜1918）
1916	伊勢湾で無線電話による公衆電報および船舶通報の取り扱いを開始→世界初の実用無線電話（4）	
1920	逓信省が神戸港で港内停泊中の船舶と，陸上電話加入者との通話実験を行う→無線電話による移動体との初めての通話	
1923		関東大震災→焼け跡を調査した今和次郎が1927年「しらべもの（考現学）展覧会」開催
1928	神戸，門司の契約者と船舶電話との無線電話開始（船舶無線電話のはじめ）（10） 東京・大阪の両港で港湾電話を開始	
1929		世界恐慌始まる。ブロック経済とファシズムの台頭
1934	港湾電話と沿岸電話を統合，船舶電話として制度化	
1936	太平洋航路就航の「秩父丸」と最初の遠洋船舶無線電話開始（8）	
1937		盧溝橋事件，日中戦争始まる
1939		第二次世界大戦勃発

年	海外の移動体メディア	移動体以外の関連メディア
1901		〔米〕マルコーニが大西洋を横断する無線送信に成功
1906		〔米〕フェッセンデンが初めて音声の無線放送を実験
1916		〔米〕ド・フォレストによる初のラジオ放送局の設立
1920		〔米〕ピッツバーグ KDKA 局，世界初のラジオ放送開始
1921	〔米〕デトロイト市で警察無線が自動車に搭載される→陸上移動体通信の先駆け	
1925		東京放送局（JOAK）開局（日本発のラジオ放送）
1928		〔米〕GE 社がニューヨークでのテレビ実験放送開始

移動体メディア関連年表

年	日本国内の移動体メディア	おもな社会事象
1941		真珠湾攻撃（12）（太平洋戦争，〜1945）
1950		朝鮮戦争勃発（〜1953）
1953	船舶から一般の加入電話と直接通話できる港湾電話サービス開始（8）→移動電話の始まりとされる	
1955		この頃，神武景気で電気洗濯機が急速に普及。洗濯機，冷蔵庫，掃除機が「三種の神器」に
1956	近畿日本鉄道，大阪上本町〜三重県中川間の特急電車と大阪・名古屋の加入者間との無料試験サービス開始（初めての列車公衆電話）。翌年10月に商用サービス開始	
1959	湾岸電話・沿岸電話・船舶電話を制度的に「船舶電話」として一本化，サービス開始（3）	
1960	国鉄，列車公衆電話を東海道線（特急こだま・つばめ・はと）の東京〜神戸間で試行（8）	

年	海外の移動体メディア	移動体以外の関連メディア
1946	〔米〕サウスウェスタン・ベル電話会社がミズリー州セントルイスで自動車電話サービスを開始→世界初の民間用陸上移動体通信と言われる（ただし交換手呼び出しの手動型）	〔米〕初の大型汎用・電子式コンピュータ「ENIAC」の完成
1952		日本電信電話公社設立 公衆電話に赤電話登場
1953		日本でテレビ放送開始（NHK） タクシー無線，札幌で運用開始
1954		〔米〕テキサス・インスツルメンツ社，世界初のトランジスタ・ラジオ発売 日本初のトランジスタ・ラジオ発売（ソニーの前身東京通信工業）
1958	〔米〕オハイオ州コロンバスで交換手扱い方式の「ベルボーイ・サービス」が始まる→世界初のページング・サービス	〔米〕テキサス・インスツルメンツ社によるIC開発 国内テレビ100万台突破。翌年に皇太子結婚式テレビ中継
1960		NHK，カラーテレビ放送開始
1963		〔米〕ケネディ大統領暗殺事件→日米間での初のテレビ衛星中継

移動体メディア関連年表

年	日本国内の移動体メディア	おもな社会事象
1964	内航船舶電話サービスを開始（船舶電話のサービスエリアを日本沿岸全域に拡大）	
1965	東海道新幹線で列車公衆電話サービス，発信元に東京・名古屋・大阪・横浜・京都を追加してサービス再開（6）	米軍によるベトナム戦争への本格介入始まる
1968	ポケットベル，150 MHz 帯で東京23区でのサービス開始（7）。使用料2000円，予納金1万円で毎月1000円返還	
1969		池袋パルコ開店（→ 1973年に渋谷パルコ開店）
1970	大阪万博にて携帯電話の展示実演（600 g）（3）	この頃から暴力団がポケベルを使用しだしたと言われる
1971		マクドナルド1号店開店（東京），ミスタードーナツ1号店開店（大阪）
1972	小型ポケットベル販売開始。97×50×18 mm，120 g（3）	
1973		オイルショック
1974		セブン・イレブン1号店開店

年	海外の移動体メディア	移動体以外の関連メディア
1964		M. マクルーハン『メディア論 (Understanding Media)』発表
1967		テッド・ネルソンが「ハイパーテキスト」を提唱
1968		〔米〕テキサス・インスツルメンツ社によるLSI開発
1969		押しボタン式電話機売り出し開始。翌年4月に公募で「プッシュホン」と命名 通信衛星インテルサットF3, F4によって日〜米〜欧〜豪間の回線がつながる 米国防省, ARPANET開始（インターネットの直接の起源）
1970		キャッチホンサービス開始
1972	〔米〕L. ロバーツ, パケット無線を用いた小型携帯端末の論文を発表。アラン・ケイのダイナブック構想やALTOプロジェクトに影響を与える	（株）クレセント, カラオケ1号機「8JUKU」を開発。ソフト制作・レンタル開始
1973	〔米〕モトローラのM. クーパー（=「セルラーの父」）がニューヨークにプロトタイプ携帯電話の基地局設置	電話ファクスサービス開始
1974	〔米〕初のページャー登場（モトローラ社製）。ディスプレイやメッセージ保存機能はなし	
1975		ベータマックス式, VHS式ビデオの発売（〜76）

移動体メディア関連年表

年	日本国内の移動体メディア	おもな社会事象
1976		ポケベルを使った売春組織が逮捕される
1979	日本電信電話公社，800 MHz 帯で自動車電話サービスを東京で開始（12）→トランク内に無線機を設置。独自の車内配線を設けなければならず，車を工場に持ち込む必要があった（＝世界的には史上初の移動電話サービスとして知られる）	
1981	電電公社が「未来の携帯電話装置」の模型を公開（体積 500 ml 程度のモックアップ）	
1984		「新人類」（『朝日ジャーナル』などが中森明夫・野々村文宏・田口賢司らに対して命名）

年	海外の移動体メディア	移動体以外の関連メディア
1978		最初の日本語ワープロ発売(東芝製)
1979		電電公社,INS構想発表(通信をすべてデジタル化し,統合ネットワークで伝送する構想。日本)。ソニー,ウォークマン発売。インベーダー・ゲーム流行(日本)。国産パーソナルコンピュータNECのPC-8001発売
1980	〔米〕ページャー利用者320万人に。医療従事者による病院での利用が主	東京・横浜・名古屋・大阪でコードレス電話サービス開始(5) ソニー,フィリップス社によるCD開発,デジタル・オーディオCDの規格統一
1981	〔北欧〕ノルディック・モービル・テレフォン・サービス(NMT:北欧共通の移動電話方式)設立 〔米〕モトローラなどがワシントン/ボルチモア地域で携帯電話運用の試験を開始	〔米〕IBM,パーソナル・コンピュータ発売(MS-DOS搭載)
1982	〔フィンランド〕ノキア,最初の移動電話機「セネター」発売。9.8kg 〔米〕連邦通信委員会が商用携帯電話サービスの許可を出す 〔韓〕ページング・サービス開始(トーンオンリー型でソウル市内のみ)。医者やセールスマンの利用が主	カード式公衆電話登場 CDおよびCDプレイヤー国内発売開始
1983	〔米〕アメリテク社,シカゴで米初の商用アナログ携帯電話サービス開始	任天堂,ファミリーコンピュータ発売
1984	〔フィンランド〕ノキア,可搬型移動電話機「モビラ・トークマン」発売。5kgを初めて切る 〔韓〕韓国通信(現SKテレコム)がアナログ式自動車電話のサービスを開始	キャプテンシステム実用化(日本) 村井純,JUNET設立(東大・東工大・慶大を結ぶ草の根コンピュータネットワーク。日本のインターネットの礎)

年	日本国内の移動体メディア	おもな社会事象
1985	車載兼用の3000gのショルダー型電話（ショルダーホン）が登場（9）	新宿に初のテレホンクラブ開店
1986	NTT，航空電話サービス開始（5）	カラオケボックス登場
1987	携帯電話サービス開始。端末900g，月額使用料2万3000円（4） NTT，ディスプレイ・ポケットベルのサービス開始（数文字表示サービスの開始）（4） NTT以外の新規通信事業者（NCC）がページング・サービス（いわゆるポケベル）営業開始（9）	京都の修学旅行生でポケベル持参が話題に 伝言ダイヤルのテレクラ的利用が話題に
1988		カラオケボックスの増加・全国化 ポケベルでシンナー受注・配達していた少年が逮捕（神奈川）
1989	携帯電話用留守番電話サービス開始（12）	この頃，女子大生やOLの間でポケベルが流行りだす 伝言ダイヤルで少女売春の男ら逮捕（神奈川） 大阪府議会，傍聴にポケベル持ち込み禁止
1990		携帯電話でシンナー密売の少年逮捕 携帯電話で売春斡旋のデートクラブ摘発（愛知） ダイヤルQ^2で共謀した予備校生と男が女子高生に暴行し逮捕される。男は身元不明のまま逃亡（大阪）
1991	NTT，220gのムーバP（松下通信工業製）発売（4）	87年頃から続いていたバブル景気が，平均株価・地価下落とともに崩壊

年	海外の移動体メディア	移動体以外の関連メディア
1985	〔英〕英国初の携帯電話サービスが始まる	通信の自由化，日本電信電話株式会社（NTT）誕生（4），本電話機の利用者設置の制度化（端末設備の自由化） 〔米〕CNN開局
1986	〔韓〕数字表示型のページャー登場。サービスエリアも拡大→その後の規制緩和を経て94年以降急速な普及へ	伝言ダイヤル通話サービス開始
1987	〔フィンランド〕ノキア，最初の携帯電話機「モビラ・シティマン」発売。約800g 〔米〕携帯電話加入者100万人を越すも通信域は混雑 〔英〕ボーダフォン，英国内人口の80%をカバーできるページングサービス「ボーダページ」を開始	最初の都市型CATV開局（東京） コードレス電話販売自由化
1988	〔韓〕韓国通信，携帯電話サービス開始	国際標準準拠のISDNサービス「INSネット64」東京・名古屋・大阪でサービス開始
1989	〔米〕モトローラ，「MicroTAC」（350g）を発表。以後，携帯電話の小型化が進む 〔英〕PHSなどデジタルコードレス電話の先駆け「テレポイント」サービス開始	NTT，ダイヤルQ^2サービス開始 東欧社会主義崩壊，天安門事件（衛星放送・FAXを活用した報道） NHK，衛星放送BS7，BS11開始
1990	〔米〕広域タイプのページャー登場。利用者2200万人に 〔米〕モトローラ，イリジウム（衛星携帯電話）システムの構想を発表	欧州原子力研究機構（CERN）のT. バーナーズ-リー，世界初のWWWウェブサイトを立ち上げ（12）
1991	〔欧〕GSM方式のデジタル携帯電話システムの提供開始 〔米〕モトローラ，日本電信電話向けに100万個のページャー端末出荷。中国語・タイ語版のページャー端末を生産	湾岸戦争（CNNによる報道が話題に） 公衆電話台数が減少に転じる

移動体メディア関連年表

年	日本国内の移動体メディア	おもな社会事象
	NTTの携帯・自動車電話ネットワークとNCCの携帯・自動車電話ネットワーク相互接続開始。他グループの携帯同士での通話はそれまでできなかった（5）	
1992	NTTドコモ，NTTより分社し発足（7）	JR東日本の車内放送に携帯電話に関するアナウンスが登場。新幹線や特急で「使用はデッキで」と呼びかけ
1993	ポケベルの保証金値下げにより，加入時に必要な経費がそれまでの半額程度（8000円前後）に（9）。この頃から高校生にポケベルが普及しだす NTTドコモ，首都圏で800 MHzのデジタル携帯電話サービス開始（3） ドコモ，携帯電話の保証金（10万円）を廃止（10）	ドコモショップ1号店開店（八丁堀東店）（12） 電波の盗聴が問題・話題に（コードレス電話の普及ピークと関連して） 米国の移動電話通信工業会が，携帯電話の健康への影響を調べるよう，連邦通信委員会などに要請（脳腫瘍による死亡原因は電磁波だとの訴訟が起きたため）
1994	携帯電話の買い取り制開始に伴う新基本使用料導入（4） 東京テレメッセージがNEC製のポケベル端末「Mola（モーラ）」を投入。カタカナやアルファベットで自由文の送信が可能（6）→爆発的人気で一時申し込み受付をストップ	この頃から学校でのポケベル持ち込み禁止論議が始まる 携帯電話利用のマナーが問題に（中高年男性の利用が主） 電磁波への不安から各地で通信鉄塔建設反対運動
1995	ドコモ，800 MHzデジタル携帯電話サービスの全地域会社への導入を完了（1） ポケベルに端末買取制導入，保証金廃止（6） 首都圏，札幌でPHSサービス開始（7）	阪神・淡路大震災。インターネット，携帯電話の有用性に注目が集まる（1） 「ベル友」ブーム。個人情報誌「じゃマール」創刊 携帯電話の事業者5グループが共同で車内マナーキャンペーン「マナーも一緒に携帯しましょう」
1996	ポケベルの高速ページング・サービス開始（3）。電子メール，ニュース，株式情報などの情報提供サービスやグループ呼び出しも可能に。	JR東日本，普通電車で「迷惑にならないように」と携帯電話利用のマナーの訴え

年	海外の移動体メディア	移動体以外の関連メディア
1992	〔米〕レセプター方式（数字・文字などの簡易データを受け取ることができる）のページング・サービス開始	M. アンドリーセンら，画像を扱える初のウェブブラウザ「Mosaic」を開発。インターネット利用者が一気に拡大
1993	〔フィンランド〕ノキア，SMSC（ショートメッセージ・サービスセンター）商用化による提供開始	〔米〕クリントン政権，「情報ハイウェイ構想」提示
1994	〔英〕ボーダフォン，データファックスおよびSMS（ショートメッセージ・サービス）開始 〔米〕ページャー利用者6100万人に。個人利用化進む	ソニー，プレイステーション発売
1995		「インターネット元年」（通信白書による） マイクロソフト社「Windows95」発売 NTT，テレホーダイサービス開始 FM文字多重放送（見えるラジオ）開始
1996	〔韓〕新世紀通信（現SKテレコム），CDMA方式のデジタル携帯電話サービスを開始（8）	初のCSデジタル放送PerfecTV開始

移動体メディア関連年表

年	日本国内の移動体メディア	おもな社会事象
	セルラー(現au)「セルラー文字サービス」開始(携帯電話で最初の文字通信サービス)(4)	
	ポケベル加入者数ピーク(6月末で1077.7万加入)	
	ドコモ,100gを切った世界最小・最軽量(当時)のデジタル携帯電話P201を発売(10)。また200番台端末の登場とともに,機種変更の際のメモリーコピーが販売代理店で可能となる	
	携帯電話の料金が認可制から届出制に(12)	
	携帯電話新規加入料廃止(12)	
1997	PHSによる32Kbpsデータ通信開始(4)	大学入試センター試験で携帯電話・ポケベルのスイッチオフ呼びかけ
	アステル東京(現・東京電話アステル)「着メロ」(着信メロディ呼出サービス)開始(6)	JR東日本の車内放送,携帯電話について「使用をご遠慮ください」へ
	DDIポケット,簡易テレビ電話機能付PHS端末VP-210発売(初のカメラ内蔵型移動電話)(7)	
	自動車運転中の通話による交通事故多発を受けて,ドコモ「D(ドライブ)モード」導入(8)	
	J-フォン「スカイウォーカー」開始 携帯電話で最初の電子メールサービス)(11)	
	ドコモ,携帯電話用メール端末「ポケットボード」発売(12)	
1998	ツーカー「プリケー」開始(最初のプリペイド方式携帯電話サービス)(10)	
	PHS事業の不振によりドコモ,NTTパーソナルからPHS事業の営業譲渡を受ける(12)	

年	海外の移動体メディア	移動体以外の関連メディア
	〔米〕モトローラ,当時世界最小・最軽量(約88g)のウェアラブル携帯電話「StarTAC」を導入。E-mailやファックスとも通信できる双方向ページャー「PageWriter」導入 〔英〕ボーダフォン,英国初のプリペイド方式アナログ携帯電話導入	
1997	〔米〕AT&Tワイヤレス,法人向けインターネット接続携帯電話を導入 〔韓〕KTF,ハンソル(現KTF),LGテレコムの3社がPCS(簡易型の携帯電話サービス)の提供開始(10)。サムスン社,SMSのハングル文字入力システムの開発に成功	インターネット電話,CATV電話登場
1998	〔米〕AT&Tワイヤレス,一般向けインターネット接続携帯電話を導入(「PocketNet」)	NTT,「ナンバーディスプレイ」サービスを全国で開始(2) 災害用伝言ダイヤルの運用開始

年	日本国内の移動体メディア	おもな社会事象
1999	携帯電話・PHSの番号11桁化（1） ドコモ「iモード」サービス開始（2） IDO（現au），cdmaOne開始（4） ツーカー，一定額を超えると発信できなくなる「リミットプラン」導入（5）。子どもの携帯通話料金に頭を痛める親の要望に応えて 東京テレメッセージ，会社更生手続開始の申立（5）。関西なども相次ぎ事業廃止決定 アステル，和音の着メロサービス開始（8） J－フォン，最初のカラー液晶端末発売（11） ドコモ「番号通知お願いサービス」無料提供開始（迷惑電話対策として）（12）	改正道路交通法で運転中の携帯通話使用禁止（1） 滋賀県警，全国初「聴覚障害者メール110番」導入 東京・サントリーホールで通話防止装置導入 ドクターキリコ事件。ネット上での毒劇物販売が問題になる
2000	J-フォン，初のデジカメ内蔵型携帯電話J-SH04発売（11）。128音色の着メロ演奏可能な端末発売（12） ドコモ，サービスブランド名「ポケットベル」を廃止し「クイックキャスト」に変更（12）	
2001	ドコモ，Java搭載携帯電話503iシリーズ発売（1） J-フォン「ムービー写メール」サービス開始（3） ドコモ，W-CDMA規格（第3世代携帯電話）によるFOMAのサービスを開始（10） au，GPS一体型端末による位置情報提供サービス開始（12）	政府がe-Japan戦略を策定（1） JR東日本，車内での携帯電話使用禁止。「ご遠慮ください」から「電源をお切りください」へ（4） ドコモ，携帯電話への迷惑メール増加で「電話番号@……」のアドレスをやめる方向へ（5） 東急電鉄，携帯電話について偶数車両は終日電源OFF，奇数車両はiモードやメールの利用のみ認める（10）

年	海外の移動体メディア	移動体以外の関連メディア
1999	〔韓〕SMSの事業者間相互通信が可能に。LGテレコム,携帯電話からのインターネット接続サービス開始(4)。SKテレコム,携帯電話からのインターネット接続サービス「n.TOP」開始(8) 〔英〕ボーダフォン,携帯電話からのインターネット接続サービス「ボーダフォン・インタラクティブ」開始	電子掲示板「2ちゃんねる」開始(5)
2000	〔米〕イリジウムLLC,衛星携帯電話サービス終了(3) 〔英〕衛星携帯電話サービス「グローバルスター」開始(5) 〔韓〕SKテレコム,商用cdma2000 1xサービス開始(9) 〔米〕新会社イリジウム・サテライトLLC,衛星携帯電話サービスの運用資産を得る(12)。翌年3月よりサービス開始	BSデジタル放送開始(12)
2001	〔フィリピン〕エストラーダ大統領,不正蓄財への抗議デモにより退陣。ケータイのSMSで運動が広がったとされる(1) 〔韓〕SKテレコム,ページングサービスの営業をインテック・テレコム社に譲渡(2)。発信者番号表示サービスを開始(4) 〔台湾〕大衆電信がPHSサービス開始(5)	Apple社,携帯型デジタル音楽プレーヤー「iPod」発売(11)

移動体メディア関連年表

年	日本国内の移動体メディア	おもな社会事象
2002	auが「着うた」サービス開始（12）	この頃，着信履歴表示機能を悪用した「ワン切り」が問題となる（2） 韓国大統領選挙。盧武鉉（ノ・ムヒョン）候補の当選に携帯電話のチェーンメールが大きく影響したと言われる（12）
2003	ドコモ，腕時計型PHS「WRISTOMO」発売（5）。iモードメニューサイト以外のアクセスを制限するサービス「キッズiモード」開始（8）。以降，携帯電話の各通信事業者が相次いでフィルタリングサービスを導入 ドコモ，呼び出し音に楽曲や効果音を設定できるサービス「メロディコール」開始（9） J-フォンがボーダフォンに社名変更（10） au，第3世代携帯電話での高速パケット通信定額制サービス「CDMA1x WIN」開始（11） ボーダフォン，日本初のアナログテレビチューナー搭載の携帯電話「V601N」発売（12）	迷惑メールの増加に対し，メール送信の適正化を図る「特定電子メール送信適正化法」施行（7）
2004	DDIポケット，京セラより国内初のフルブラウザ搭載PHS「AH-K3001V」発売（5） ドコモ，月額3900円の定額制サービスを開始（6） ドコモ，おサイフケータイ「iモードFeliCa」開始（7） ボーダフォン，パケット定額サービス「パケットフリー」開始（11）	航空機内では携帯電話の電源を常に切ることが義務に（改正航空法）（1） インフォプラント調査，目覚ましは「携帯のアラーム」が7割以上（1） 関西の鉄道20社が，電車内における携帯電話のマナーについて「基本的にマナーモード，優先席付近は電源OFF」というルールに統一，実施（2）

年	海外の移動体メディア	移動体以外の関連メディア
2002	〔米〕インターネット接続サービス開始（6） 〔米〕ベライゾン・ワイヤレスが米国初の第3世代携帯電話サービス「CDMA2000 1x」開始（1） 〔独〕E-plus社，ドコモのライセンス供与を受けて，欧州初のiモードサービスを開始（3） 〔英〕ボーダフォン，インターネット経由のマルチメディアコンテンツサービス「vodafone Live!」を欧州8カ国で開始（10）	〔豪〕J.エイブラムズ，「Friendstar」を開設，SNSの草分けとされる
2003	〔英〕ハチソン3GUK，欧州初の第3世代携帯電話サービスとして「W-CDMA」方式サービス開始（3）	イラク戦争で首都バグダッド侵攻の模様などの映像が衛星携帯電話により生中継される（3） 日本国内におけるブロードバンド・インターネットの加入者数が1000万を超える（5） 出会い系サイト規制法成立。同年9月施行（6） テレビの地上デジタル放送開始（12）
2004	〔韓〕番号ポータビリティ制度が開始（1） 〔韓〕大学修学能力試験（日本で言う大学入試センター試験）において，携帯電話によるカンニングが発覚（11）	大日本印刷，2次元バーコードで携帯とデジタルテレビ放送の連動サービス開始（1） SNS「ミクシィ（mixi）」サービス開始（4） 〔米〕Facebook一般利用開始（9） SNS「GREE」サービス開始（12）

移動体メディア関連年表

年	日本国内の移動体メディア	おもな社会事象
	au，音楽配信サービス「着うたフル」開始（11） ボーダフォン，国内初のノキア製スマートフォン「702NK」発売（12） au，カシオ計算機より国内初のフルブラウザ搭載携帯電話「W21CA」発売（12）	新潟県中越地震（10） スマトラ島沖地震。インドネシア，タイ，インド，スリランカなどの諸国を津波が襲い，死者は28万3000人以上にのぼった（12）
2005	DDIポケット，社名を「株式会社ウィルコム」に変更（2） ツーカーグループ3社，KDDIの完全子会社に（3） ドコモ，NECよりフルブラウザ搭載携帯電話「N901iS」発売（6） ドコモ，22時から翌朝6時までの間，iモードからすべてのサイトへのアクセスを停止するサービス「時間制限」開始（7） KDDI，ツーカーグループ3社を吸収合併（10） au，世界初の「ワンセグ」対応携帯電話の販売開始（12）	愛・地球博開催。ケータイサイトを使った情報提供やワンセグ実験放送が行われる（3） JR福知山線脱線事故（4）
2006	au，総合音楽サービス「LISMO」開始（1） JR東日本，「モバイルSuica」開始（1） 携帯電話向けポータルサイト兼SNS「モバゲータウン」サービス開始（2） ドコモ，クレジットサービス「DCMX」の提供開始（4） 電気通信事業者協会（TCA），「有害サイトアクセス制限サービス」についての告知キャンペーンを開始（7） ボーダフォン，社名を「ソフトバンクモバイル」に変更（10） 携帯電話3社，「携帯電話番号ポータビリティ（MNP）」開始（10）	イスラエルがレバノン侵攻（7） u-Japan推進計画（9） 高等学校必修科目未履修問題（10）

年	海外の移動体メディア	移動体以外の関連メディア
2005	〔英〕ソニー・エリクソン・モバイルコミュニケーションズ，FM，AM，TV の 3 バンドラジオチューナーつき携帯電話 SO213iWR（RADIDEN）を発売。AM チューナーが携帯電話に装備されるのは世界初（10）	〔米〕YouTube 開始（12）
2006	〔英〕ソニー・エリクソン・モバイルコミュニケーションズ，携帯電話初のメモリースティック Duo と miniSD カードの 2 種類の外部メモリーに対応した SO903i を発売（11）	地デジ放送「ワンセグ」サービス開始（4） 〔米〕「Twitter」サービス開始（6） 〔米〕Google が YouTube を買収し子会社化（10）

年	日本国内の移動体メディア	おもな社会事象
2007	ソフトバンク，日本初の携帯電話割賦形式販売サービスと割引サービス「新スーパーボーナス」開始（10） ソフトバンク，新料金プラン「ホワイトプラン」開始。携帯電話2台目需要を生み出す（1） ドコモ，フルブラウザ閲覧も定額の対象となる新料金プラン「パケ・ホーダイフル」を開始（3） au，端末の購入方法が選べる「au買い方セレクト」開始（11） ドコモ，端末購入時の方式「バリューコース」「ベーシックコース」開始（11） 総務省，「青少年が使用する携帯電話・PHSにおける有害サイトアクセス制限サービス（フィルタリングサービス）の導入促進」を携帯電話事業者等へ要請（12）	第三世代携帯電話にはGPS機能を搭載することが原則に（4）
2008	ドコモ，PHSサービス終了（1） 携帯電話各社，18歳未満の利用者にフィルタリングサービスを原則適用（2） 総務省，「携帯電話・PHSのフィルタリングサービスの改善」を携帯電話事業者等へ要請（4） au，「じぶん銀行」サービス開始，提供サービスも発表（7） ソフトバンク，「iPhone3G」発売（7）	〔中〕四川省で大地震（5） 秋葉原無差別殺傷事件。携帯電話のカメラで撮影された写真が新聞に掲載され，動画が共有サイトで公開された（6） 〔米〕リーマンショックが世界の経済に打撃を与えた（9）
2009	次世代PHSは「XGP」に，XGPフォーラム設立（4） 青少年が安全に安心してインターネットを利用できる環境の整備等に関する法律，施行（4）。18歳未満の子どもが利用する携帯電話にフィルタリングの提供が義務づけられる	〔米〕オバマ氏が大統領に当選。SNSによる選挙運動が効果をあげたとされる（1） 民主党への政権交代（9） 携帯向けフィルタリングサービス利用件数，9月末で約608万件に（10）

年	海外の移動体メディア	移動体以外の関連メディア
2007	〔中〕北京市内の家屋で充電中の携帯電話が爆発，火災が発生（3） 〔米〕Apple社，米国でiPhoneを発売．スマートフォン市場へ進出（6） 〔中〕チャイナ・ユニコム，CDMA携帯電話端末の中国国内販売が累計800万台超（7）	ニコニコ動画（β）サービス開始（1） Apple社，「iPod」累計販売台数1億台突破（4） Amazon，電子ブックリーダー「Kindle」発売（11）
2008	〔米〕Apple社，iPhone 3Gを発表（6） 〔中〕移動通信がTD-SCDMAで3Gサービス開始（6） 〔米〕最初のAndroid搭載端末としてHTC社製スマートフォンをT-Mobileが発売（10） 〔朝〕3G携帯電話の通話のみのサービスが始まる（12）	「Twitter」日本語版サービス開始（4） SNS「Facebook」日本でサービス開始（5）
2009	〔中〕の新華社電，「あけおめメール」が180億通になる見込みであると報道（1） 〔米〕Amazon，電子ブックリーダー「Kindle」を日本向けにも販売開始（10）	

年	日本国内の移動体メディア	おもな社会事象
2010	ウィルコム,事業再生 ADR の手続きを正式申請,受理される(9) ソフトバンク,「iPad」を発売(5) シャープが次世代電子書籍事業,タブレット端末も提供(7) KDDI ら4社,電子書籍配信の事業会社「ブックリスタ」設立(11) ドコモ,LTE 方式「Xi」開始(12)	世界の携帯電話契約数,2009 年中に46 億件へ(10) 上海万博,来場者は史上最高の7000 万人に。携帯サイトから SMS による情報提供のほか,スマートフォンアプリのガイドも多数出回る 総務省,SIM ロック解除に関するガイドラインを策定(6) ITU 調査,世界市場の 3G ユーザーは9億人以上に(10) 尖閣諸島中国船衝突事件でビデオが YouTube に流出(11)
2011	ソフトバンク,エジプトとの SMS 送受信を2月末まで無料に(2) ドコモ,SIM ロック解除サービスを開始(4) KDDI,保険業に参入,携帯ユーザー向け「au 損保」開業(5) イオンと日本通信,月額 980 円プランも用意した SIM 製品を店頭販売(6) 携帯各社,SMS の相互接続サービスを開始(7) Android スマートフォン向け「モバイル Suica」開始(7)	大相撲で八百長問題発覚,春場所中止に。力士のケータイメールが証拠とされた(2) 京大入試で試験中に携帯電話で問題がネット掲示板に投稿されていたことが発覚,問題となる(3) 東日本大震災(3)

年	海外の移動体メディア	移動体以外の関連メディア
2010	〔米〕Wind River，Android の商用プラットホーム発表（12） 〔米〕Apple 社，米国で Wi-Fi 版の iPad 販売開始，米国のみの発売初日で 30 万台の販売（4） ジャーナリストの常岡浩介，アフガニスタンで取材中に武装勢力により拘束。5 カ月間人質生活を送る。獄中からスマートフォンで Twitter に投稿（4） チュニジアでジャスミン革命始まる。携帯電話の SMS でデモの参加者が広がったとされる（12）。翌年エジプトなどにも波及	
2011		「モバゲータウン」が「Mobage（モバゲー）」にサービス名称を変更（3） アナログテレビ放送停波（7）

年表作成協力：湯浅美緒（明治大学大学院）・綾部貴章（同）・藤田香織（同）

◆巻末資料◆

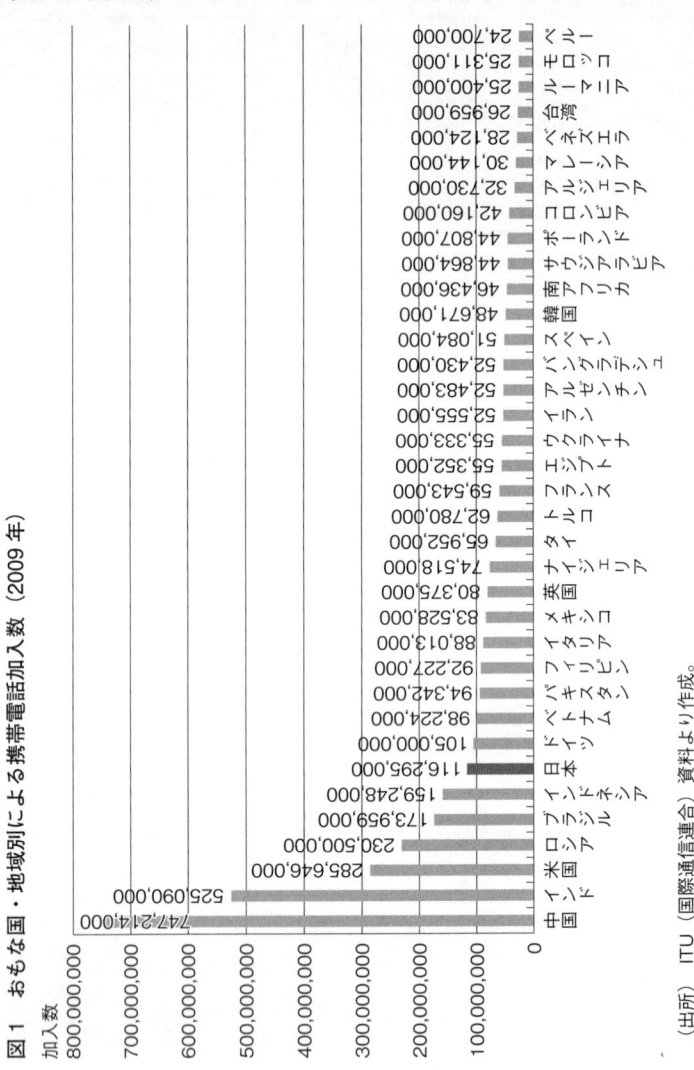

図1 おもな国・地域別による携帯電話加入数（2009年）

加入数

国・地域	加入数
中国	747,214,000
インド	525,090,000
米国	285,646,000
ロシア	230,500,000
ブラジル	173,959,000
インドネシア	159,248,000
日本	116,295,000
ドイツ	105,000,000
ベトナム	98,224,000
パキスタン	94,342,000
フィリピン	92,227,000
イタリア	88,013,000
メキシコ	83,528,000
英国	80,375,000
ナイジェリア	74,518,000
タイ	65,952,000
トルコ	62,780,000
フランス	59,543,000
エジプト	55,352,000
ウクライナ	55,333,000
スペイン	52,555,000
アルゼンチン	52,483,000
バングラデシュ	52,430,000
イラン	51,084,000
韓国	48,671,000
南アフリカ	46,436,000
サウジアラビア	44,864,000
ポーランド	44,807,000
コロンビア	42,160,000
エチオピア	32,730,000
マレーシア	30,144,000
モロッコ	28,124,000
台湾	26,959,000
ルーマニア	25,400,000
モロッコ	25,311,000
ペルー	24,700,000

（出所）ITU（国際通信連合）資料より作成。

274

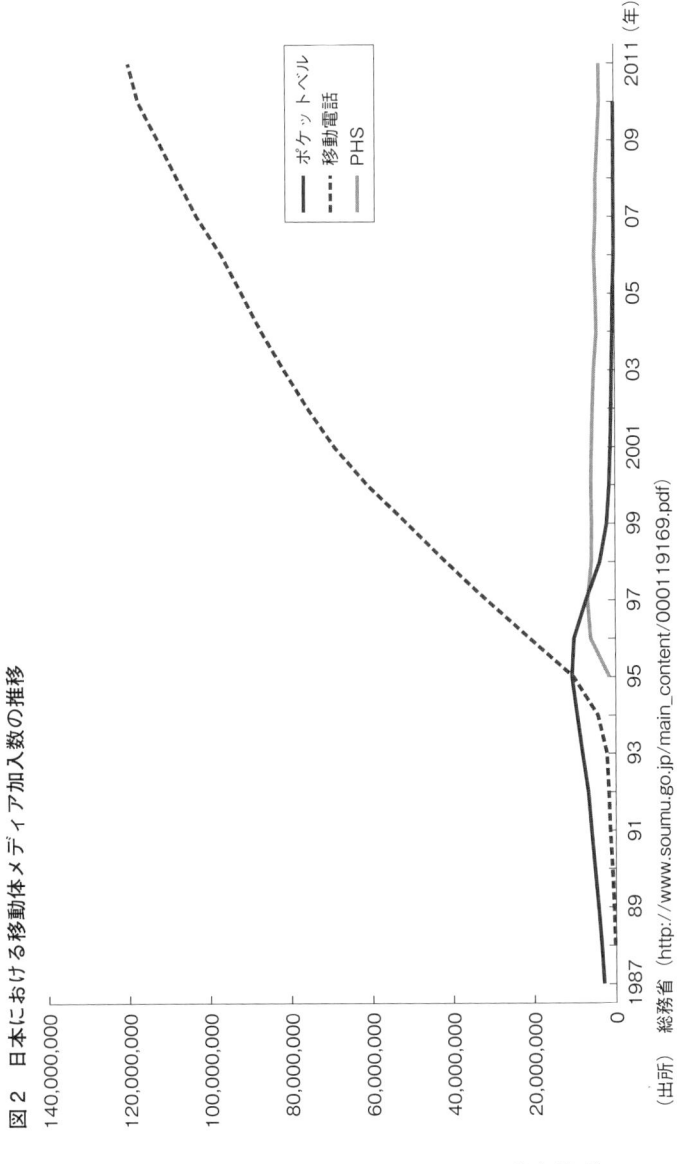

図2 日本における移動体メディア加入数の推移

(出所) 総務省 (http://www.soumu.go.jp/main_content/000119169.pdf)

事項索引

◆あ 行

ICT　4
愛　情　105
ＩＴ　4
IT革命　4, 33
IT革命論　**32**
IT戦略本部　4
IP接続　10
iPod　45, 57
iモード　4, 18, **31**, 44, 51, 205, 226
アクターネットワーク論　17
アップデート　237
アディクション　**88**
アバター　123
ARPAネット　11
Apparatgeist　**138**
暗証番号　158
アンバンドリング　**237**, 238
e-Japan戦略　4
位置情報サービス　34
一般化された他者　99
移動体通信メディア　8
移動電話　8
イノベーション（技術革新）　**214**
意味のある他者　99
インストゥルメンタル　212
インティメイト・ストレンジャー　97, 141-43, 165
インフラストラクチャー　43
ヴァナキュラー　8
Windows　31
ウォークマン　45, 57
失われた10年　4
エアタグ　149
AR（拡張現実）　148, 150, 163
エシュロン　174
SNS（ソーシャル・ネットワーキング・サービス）　73, 97, 122, 163, 231, 232
——疲れ　232
SMS（ショート・メッセージ・サービス）　30, 154, **207**, 211, 212, 214, 226
EPIC2014　235
MMS　207
M-PESA　→モバイルマネー・トランスファー・サービス
炎上（フレーミング）　126
おサイフケータイ　43, 44, 216
オブジェとしてのケータイ　198
音楽プレーヤー　5, 45, 57
音声私書箱　225
オンライン・バンキング　205
オンライン・ペルソナ　130

◆か 行

海外対応ケータイ　227
顔文字　67, 70
鏡に映った自己　**91**, 99
拡張現実感　148　→ AR
ガジェット　192
カスタマイズ　**29**
家族関係の希薄化　**104**
家族の個人化　**106**, 111
家族の戦後モデル　105
学校裏サイト　122
家庭化（ドメスティケーション）　**109**, 110
カメラ機能　34
カラオケボックス　230
ガラケー（ガラパゴス・ケータイ）　226
ガラパゴス化　**10**, 18, 227
ガラパゴス化戦略　221
韓　国　**200**, 204

監　視　161, 162, 164
監視社会　171
管理社会　164, 174
技術決定論　17, **23**, 103, 242
技術標準　240
ギャル文字　67
QRコード　128
教育システム　**210**
教科「情報」　125
規律訓練型権力　162
儀礼的無関心　63, **139**, 164
緊急地震速報　153
近代化　143
近代社会　143
空間の空白化　144
Cookie　170
グラフィカル・ユーザー・インターフェイス　32
クリティカル・マス　**27**
クレジットカード　44
グローカリゼーション研究　203
グローカル化　**219**
グローバル化　**218**, 221
契約者情報　169
ケータイID　**168**-71
ケータイIT革命論　33
ケータイ悪玉論　102
ケータイ依存　5, **83**, 88, 231
ケータイ・インターネット　4, 9, 10, 18, 31, 168
ケータイコミック　58
ケータイコンテンツ　12
ケータイ小説　**50**, 53, 58, 70
ケータイ・メール　**62**, 66, 67, 70, 71, 74, 77, 97
ケータイ・リテラシー　124, 132
ケータイ・リテラシー教育　**131**
ケニア　**201**, 216
ゲームサイト　121, 123
公共交通機関　63, 206

考現学（モダノロジー）　**179**, 180, 193
公衆電話　26
構造改革　4
高度経済成長　105
高度情報化社会論　32
声の文化　**69**, 70
国際学力到達度調査（PISA）　128, 210
個人情報　**158**, 159, 161, 165, 166, 171
個人情報保護法　159, 169
固定電話　108, 111, 181
コードレス電話　24, 111
5分ルール　120
コミュニケーション研究　7
コミュニティ　113
コンサマトリー　**68**, 70
コンテンツ　169
コンビニ　45, 160

◆さ　行

再帰性　**92**
再秩序化　93
サイバーカスケード　236
サイバー・ブリイング　121
CRM　45
GSM　18
自　我　98
シカゴ学派　180
時間と空間の分離　143
時間の空白化　144
私生活主義　231
質的調査　117, 179
自動車電話　184
GPS　34, 146
嗜　癖　**88**
SIMカード　18
指紋認証　158
社会関係資本　97
社会構築主義　17, **23**
瀉　血　85

ジャスミン革命　202
写メール　34
集団分極化　236
周波数再編　37
趣味縁　231
主要四媒体　2
純粋な関係性　106, 113
情熱恋愛　105
情報縁　97
情報化　4
情報技術戦略本部　→ IT 戦略本部
情報社会　7, 148
情報社会論　32
情報通信産業　209, 214
情報のコントロール権　159
情報メディア　242
情報モラル　242
情報モラル教育　**125**
ショート・メッセージ・サービス　→ SMS
ショルダーホン　25, 38
親密性　77, 90
垂直統合　18, 239
水平分離　18
ストラップ　30, 198
ストリート・ジャーナリズム　**209**
スマートフォン　10, 18, 55, 72, 148, 153, 205, 226, 239
スマートモブ　154
生活インフラ　5, **43**
生活記録　→ライフログ
生活時間帯調査　117
制ケータイ　124
青少年インターネット環境整備法　123
青少年ネット規制法　123
性役割分業　105, 107
セカイカメラ　149
世界システム理論　201
セルカ　**208**

前近代社会　143
戦後家族モデル　111, 112
選択縁　78
選択的人間関係　66, 78, **231**
即時性　121
属性情報　**159**, 160
即レス　68
ソーシャル・ネットワーキング・サービス　→ SNS
ソーシャル・メディア　72, 74, 90, 202, 231, **232**, 233, 236

◆た 行

タイムレスタイム　144, 146
ダイヤル Q^2　93, 141
絶え間なき交信　68, **138**
多機能化　**42**
タコつぼ化　233, 236
タブレット型パソコン　128
多様機能化　**42**, 56
治安悪化神話　175
チェーン・メール　120
地図にないコミュニティ　230
地デジ化　37
着うた　**45**, 47, 57
着うたフル　**45**, 47, 57
着メロ　45
中心―周縁理論　**200**, 201
超パノプティコン　164
Twitter（ツイッター）　72, 73, 90, 163, 202, 226, 232
通信事業者（携帯電話事業者）　18
通信の自由化　**25**
通話選択　→番選択
強い紐帯　97
出会い系サイト　123
出会い系サイト規制法　123
デイリー・ミー　235
デコメ　67, 70
デジタル化　237

デジタル教科書　**128**
データベース型人間関係　**231**
デマ　240
電気通信事業法　169
伝言ダイヤル　93, 141
電子掲示板　123
電子商取引　167
電子書籍　58
電子政府　4
電子マネー　43, 160
電子メディア　130
電子メール　62
同期性　**63**
読書革命　134
匿名性　122, 141, 165
時計の時間　144

◆な　行

ながら　**187**
ながら族　187, 189
ながらモビリズム　187, 193
名寄せ　**160**
ナンバーポータビリティ　239
二次的な声の文化　**71**
二次的な文字の文化　**71**
日常化　**24**
2ちゃんねる　122
ニューメディア論　32
ネットいじめ　**121**
ネットセキュリティ　123
ネット通販　167
ネットワークゲーム　142
ネットワーク社会　144, 145, 147
ネットワークとしての家族　**111**
ネットワークメディア　2
年賀状　77
ノンバーバル・コミュニケーション　67

◆は　行

ハイパーテキスト　135
パケット交換　10
パケット定額　34, 72
場所と空間の分離　93
場所の空間　144
場所の喪失　221
パソコン通信　62, 97
パーソナル化　**24**
パーソナル・メディア　23, 232
バーチャル・リアリティ（VR）　135, 148
バックキャスティング　244
パッチ　237
初音ミク　150
ハッピー・スラッピング　121
パノプティコン　**161**
パラダイム・シフト　**185**
番通選択　66, 109, 110, 231
販売奨励金　18, 239
PHS　34
PISA　→国際学力到達度調査
ビッグ・ブラザー　174
非同期性　**63**
批判的メディア実践　242
ファックス　62
ファミリア・ストレンジャー　142, 143
フィッシング　125
フィルタリング　123, 124
フィンランド　**201**, 210
Facebook　72, 154, 163, 202, 226, 231
フォンカ　208
不関与の規範　57, 63, **140**
普及理論　26
副教材　127
複合現実感（MR）　148
複合現実社会　149, 151
不正アクセス　125

プチ家出　131
プライバシー権　**158**
フラッシュモブ　154
プリクラ　34
フルタイム・インティメイト・コミュニティ　**230**
ブログ　123
フローの空間　144, 146
プロフ（プロフィールサイト）　121
ページャー　→ポケベル
ヘッドマウント・ディスプレイ　148
ベル友　**29**, 97
ポイントカード　160
ポケコトバ　225
ポケベル　28, 30, 50, 181, 196, 225, 243
　ディスプレイ型──　29
　トーンオンリー型──　29
POSシステム　160
ホーム・セキュリティ　162
本質主義　17

◆ま　行

マーケティング　45, 49, 159
マスメディア　2, 232
魔法のiらんど　54, 70
マルチタスク　145
マルチメディア化　**34**
マルチメディア論　32
ミクシィ（mixi）　90, 162, 231
ミクロ・コーディネーション　**140**, 147
民族誌（エスノグラフィ）　179
無視されたメディア　6
無線呼び出し　→ポケベル
無線LAN　11, 205
迷惑メール防止法　9
メディア　2
　──と政治活動　203
　──の家庭化　118
　──の個人化　118

メディア悪玉論　70, 134
メディア・アディクション　90
メディア研究　7, 23
「メディアはメッセージ」　3, 82
メディア文化　208
メディア・リテラシー　132, 135, **241**
メディア論　2, 17
メール・コミュニケーション　63, 64, 67
メール作法　68
メール文化　67, 68
文字コミュニケーション　30, **62**, 67, 69, 79, 207
文字の文化　**69**
モバイル　**187**
モバイル・インターネット　205, 206
モバイル学習　128
モバイル・コミュニケーション　206
モバイルコンテンツ審査・運用監視機構（EMA）　123
モバイル社会　146, 147, 204, 242, 244
モバイル社会研究所　8, 65
モバイルの空間　**147**
モバイルバンキング　216
モバイルマネー・トランスファー・サービス　216, 217
モバゲータウン　73
モビリティ　110, **186**
　──・パラダイム　186

◆や　行

役割取得　99
友人ネットワーク　66
ユニバーサルサービス　**238**, 239
弱い紐帯　97

◆ら　行

ライフロギング　163
ライフログ　**182**, 193
ラブプラス　150

事項索引　281

リアルタイム　147
リコメンド機能　171
LISMO　48
Linux　214
流　行　179, 182
量的調査　117, 180
利用ログ　117
レイディング（強奪）　203, 220
レンズ付きフィルム　34

レンタルファミリー　102
ロマンティック・ラブ　**106**-08, 110

◆わ　行

Wifi　205
ワークショップ　242
ワンセグ　153
ワンマン化　188

人名索引

◆あ 行

アパデュライ, A.　221
アーリ, J.　186, 191
イットリ, B.　140
イリイチ, I.　8
ヴィットマン, R.　134
上野千鶴子　78
エジソン, T.　22
オーウェル, G.　174
大向一輝　232
オグバーン, W.　104
オング, W. J.　71

◆か 行

春日直樹　201
カステル, M.　144, 145
カセスニエミ, E.　211
カッツ, J.　138
加藤文俊　117
ガンパート, G.　230
ギデンズ, A.　92, 105, 106, 113, 143, 144
キム・シンドン　206
クラウト, R.　103
グラノヴェター, M.S.　97
クーリー, C.H.　91, 98
クーン, T.　185
ゴッフマン, E.　139
小林哲生　109, 212
今和次郎　180

◆さ 行

斎藤嘉孝　112
サンスティーン, C.　235
シルバーストーン, R.　118
ジンメル, G.　84, 138
鈴木謙介　233

◆た 行

ダーウィン, C.　10
タウンゼント, A.　147
デュルケム, E.　98
ドゥーデン, B.　85
ドゥルーズ, G.　164
トールヴァルド, L.　214

◆な 行

仲島一朗　230
名和小太郎　236
ニュートン, I.　185
ネグロポンテ, N.　235

◆は 行

ハイデッガー, M.　198
パーソンズ, T.　104
パットナム, R.　97, 102
ハートレー, P.　6
浜崎あゆみ　52
速水健朗　52
平野啓一郎　53, 58
フィッシャー, C.　17, 108
フィールディング, G.　6
フェッセンデン, R.　38
フーコー, M.　161
ブラッドベリ, R.　174
ベック, U.　219
ベル, A.G.　22
ベンサム, J.　161
ポスター, M.　164

◆ま 行

前田愛　134
マクルーハン, M.　3, 17, 82, 83
マッコネン, M.　214
美　嘉　53

283

水越伸　205, 241, 242
ミード, G.H.　98
ミルグラム, S.　140, 142
ミルグラム, P.　148
メイロウィッツ, J.　230
モールス, S.　22
モーレー, D.　108

◆や　行

遊橋裕泰　245

yoshi　51
吉見俊哉　111

◆ら　行

ラインゴールド, H.　154
リン, R.　140
ロバーツ, L.　11

◆わ　行

綿矢りさ　53

● 編者紹介

岡田　朋之（おかだ　ともゆき）

関西大学教授

松田　美佐（まつだ　みさ）

中央大学教授

ケータイ社会論
Understanding Keitai Society :
Mobile Communication and Society　〈有斐閣選書〉

2012 年 3 月 30 日　初版第 1 刷発行
2020 年 8 月 20 日　初版第 3 刷発行

編　者	岡　田　朋　之
	松　田　美　佐
発 行 者	江　草　貞　治
発 行 所	株式会社 有　斐　閣

郵便番号 101-0051
東京都千代田区神田神保町 2-17
電話　(03) 3264-1315〔編集〕
　　　(03) 3265-6811〔営業〕
http://www.yuhikaku.co.jp/

印刷・大日本法令印刷株式会社／製本・牧製本印刷株式会社
©2012, T. Okada, M. Matsuda. Printed in Japan
落丁・乱丁本はお取替えいたします。
★定価はカバーに表示してあります

ISBN 978-4-641-28125-7

JCOPY　本書の無断複写(コピー)は、著作権法上での例外を除き、禁じられています。複写される場合は、そのつど事前に(一社)出版者著作権管理機構(電話03-5244-5088, FAX03-5244-5089, e-mail:info@jcopy.or.jp)の許諾を得てください。